ゼロからはじめる

アップルウォッチ

Apple Watch

Series 6/SE 対応版

スマートガイド

技術評論社

CONTENTS

Chapter 1 Apple Watch のキホン

Chapter 2 時計機能を利用する

Chapter 3
Apple Payを利用する

Chapter 4
コミュニケーション機能を利用する

CONTENTS

Chapter 5
運動と健康を管理する

Chapter 6 標準アプリを利用する

Chapter 7 Apple Watch をもっと便利に使う

CONTENTS

Chapter 8 Apple Watchの設定を変更する

Apple Watchの
キホン

Apple Watch Series6 ／ SEとは

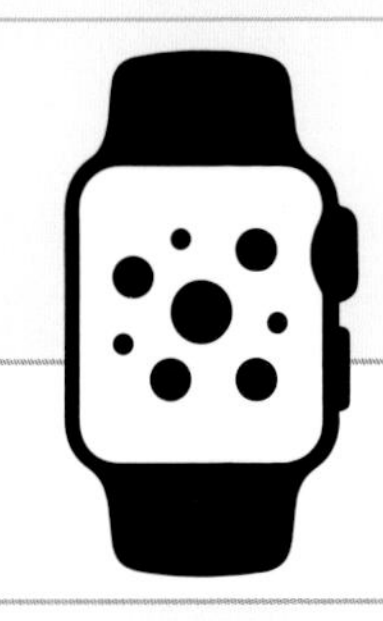

Apple Watch Series6とSEが新しく発表され、2020年10月現在、公式サイトではSeries6、SE、Series3の3種類が販売されています。ここでは、Apple Watchの各モデルのスペックや機能を紹介します。

1 Apple Watchとは

2020年9月に、watchOS7を搭載したApple Watch Series6とSEが発表されました。両者に共通の機能は、心拍数の常時モニタリングが可能になったこと、高度計が常時計測になったこと、屋内・屋外問わず常に最新の高度を確認できるようになったことが挙げられます。

また、新たに追加された「ファミリー共有機能」によって、家族が使っているApple Watchを1台のiPhoneで管理できるようになりました。子どもや高齢者などが、自分のiPhoneを持っていなくてもApple Watchを利用することができます。

Series6は、背面のセンサーに血中酸素濃度センサーが追加されました。血中酸素濃度を手軽に確認できるため、日々の健康状態を把握するのに役立ちます。また、5GHz帯のWi-Fiに対応したことで、安定かつ高速な通信が可能になりました。さらに、S6チップが搭載されたことで、残量0%からフル充電までにかかる時間は約1.5時間と充電スピードが大幅に向上しています。

Series6、SE、Series3の違い

2020年10月時点で販売されているApple Watchには、Series6、SE、Series3の3種類があります。Series6とSEにはGPS+CellularモデルとGPSモデルがありますが、Series3にはGPSモデルしかありません。Series6は最新機能をすべて搭載した上位機種、SEはSeries6から電気心拍センサーや常時点灯ディスプレイなどを省いたSeries5に近い機種、Series3は価格を抑えて販売が継続されている機種です。

●各モデルのスペック

	Series6		SE		Series3
モデル	GPS+Cellularモデル	GPSモデル	GPS+Cellularモデル	GPSモデル	GPSモデル
チップ	S6 64ビットデュアルコアプロセッサ		S5 64ビットデュアルコアプロセッサ		S3 デュアルコアプロセッサ
	W3 Appleワイヤレスチップ				W2 Appleワイヤレスチップ
	U1チップ 超広帯域		—		—
特長	血中酸素ウェルネスセンサー		—		—
	コンパス				—
	電気心拍センサー		—		—
	第2世代光学式心拍センサー				光学式心拍センサー
	内蔵GPS				
	50メートルの耐水性能				
	加速度センサー				
	ジャイロスコープ				
	環境光センサー				
	話せるSiri				
	転倒検出				—
容量	32GB				8GB
通信方式	Wi-Fi（802.11b/g/n 2.4GHz、5GHz）		Wi-Fi（802.11b/g/n 2.4GHz）		
	Bluetooth 5.0				Bluetooth 4.2
	LTE、UMTS	—	LTE、UMTS	—	—
Apple Pay	登録したクレジットカードによる、実店舗およびApple Payに対応したApple Watchアプリ内での購入				
	SuicaやPASMOによる、交通機関の利用やショッピングの支払い				
ディスプレイ	第2世代の感圧タッチ対応LTPO OLED常時表示Retinaディスプレイ（1,000ニト）		第2世代の感圧タッチ対応LTPO OLED Retinaディスプレイ（1,000ニト）常時表示非対応		第2世代の感圧タッチ対応OLED Retinaディスプレイ（1,000ニト）常時表示非対応

※赤字はSeries6のみの特長

Apple Watchでできること

Apple Watchを利用するには、iPhoneとペアリングする必要があります（Sec.06 ～ 07参照）。iPhoneとペアリングしたApple Watchは、iPhoneと連携してさまざまな機能を利用することができます。

●時計機能

多彩な文字盤から好きなものを選択して表示できます。文字盤そのもののデザインも変更可能です(Chapter 2参照)。

●Apple PayやSuicaの利用

Apple Payに対応しているSuicaやクレジットカードを登録して、交通機関や電子マネー対応店舗での支払いに利用できます(Chapter 3参照)。

●電話やメッセージなどの通信機能

ペアリングしたiPhoneと同じ電話番号やメールアドレスで、通話やメールができます。watchOS5以降は、ワンタップで1対1の通話ができる<トランシーバー>アプリも利用できるようになりました（Chapter 4参照)。

●iPhoneの通知を確認する

ペアリングしたiPhoneにメールなどが届くと、Apple Watch上でその通知および内容を確認できます(Chapter 4参照)。

●体調管理やトレーニング

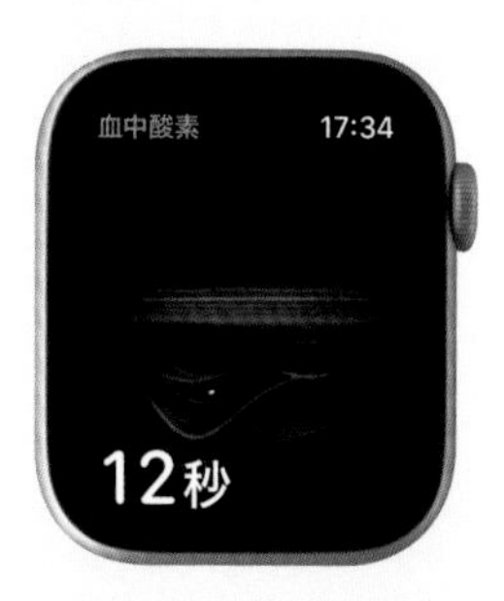

＜アクティビティ＞アプリや＜ワークアウト＞アプリは、日々の運動やトレーニングに利用できます。また、＜血中酸素ウェルネス＞アプリや＜心拍数＞アプリも利用でき、各アプリが運動や呼吸をうながすように設定することもできます（Chapter 5参照）。

●標準アプリの利用

初期設定では、＜カレンダー＞や＜マップ＞などのiPhoneでもおなじみの標準アプリが利用できます。また、＜ミュージック＞アプリでiPhoneの音楽を同期すると、Apple Watchの近くにiPhoneがなくても、Bluetoothイヤホンで音楽を楽しめます（Chapter 6参照）。

●Siriを使う

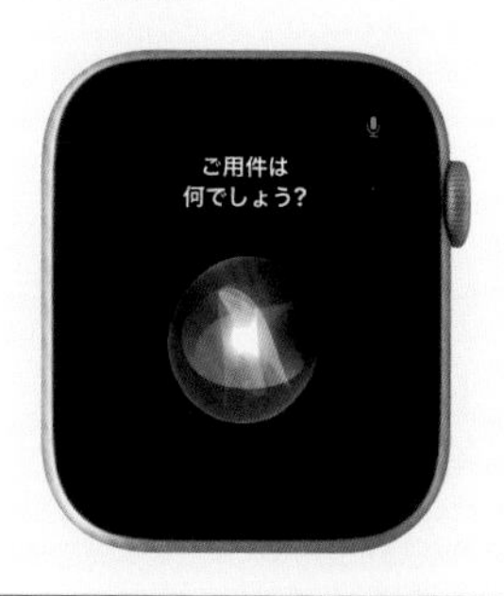

音声アシスタントのSiriを呼び出すことで、指一つ動かさずに通話やメールの操作を行えることもApple Watchの特長です（Sec.11参照）。

●アプリのインストール

App Storeアプリに直接アクセスできるため、かんたんにアプリをダウンロードすることができます。パスワードの入力は、手書きまたはiPhone経由で行います（Chapter 7参照）。

GPS+CellularモデルとGPSモデルの違い

Apple WatchにはGPS+CellularモデルとGPSモデルがあります。GPS+Cellularモデルは、携帯電話通信機能を内蔵しているため、iPhoneが近くになくWi-Fiと接続していない状態でも、iPhoneと同じ電話番号での通話、<メッセージ>アプリ、Apple Musicのストリーミング再生、Siriなどが利用できます。ただし、GPS+Cellularモデルを利用するには以下の①と②の条件を両方満たす必要があり、GPSモデルを利用する場合には①の条件を満たす必要があります。

①iPhone 6S以降のiPhone

GPS+Cellularモデル、GPSモデルを利用するには、iOS14以降を搭載したiPhone 6S以降のiPhoneが必要です。

②モバイル通信プランの契約

GPS+Cellularモデルの通信機能を利用するには、ペアリングするiPhoneと同じキャリアと契約する必要があります。契約はApple Watchの初期設定時か、ペアリング後、またはキャリアショップで行うことができます（P.29MEMO参照）。

Apple Watchの通信の種類

Apple WatchはペアリングしたiPhone、iPhoneで以前接続したことのあるWi-Fiネットワーク、モバイル通信接続（GPS+Cellularモデルのみ）から自動的に最適なネットワークと接続します。通信状況はコントロールセンター（Sec.10参照）などで確認できます。

● iPhoneと接続

のアイコンが表示されていると、iPhoneと接続された状態になります。すべての機能が利用できます。

● Wi-Fiと接続

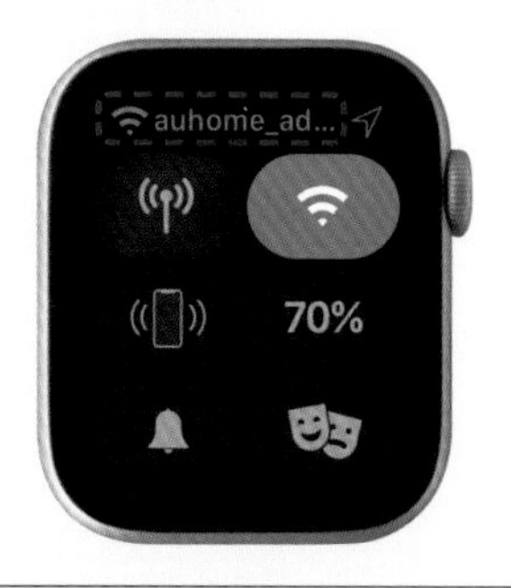

のアイコンが表示されていると、iPhoneで以前に接続したことのあるWi-Fiと接続されています。Siri、<メッセージ>アプリ、電話の発信や受信などができます。

● モバイルデータ通信と接続

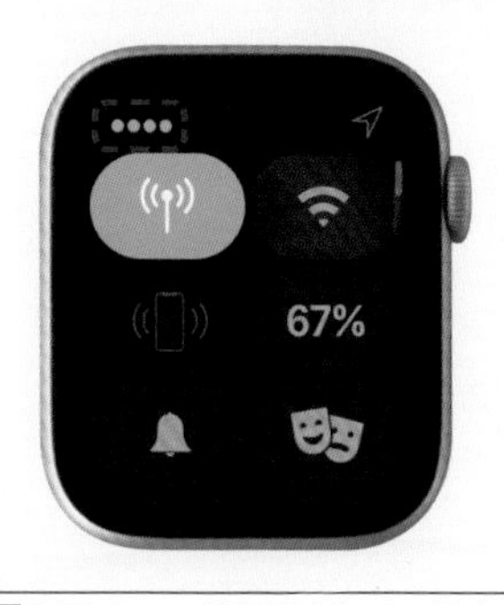

のアイコンが表示されていると、モバイルデータ通信が利用できます。iPhoneもモバイルデータ通信に接続していれば、iPhoneが近くになくてもすべての機能が利用できます。

● 接続なし

のアイコンが表示されていると、Apple Watchは通信と接続していない状態です。<ワークアウト>アプリなどの一部のアプリや、Apple Payでの買い物などは可能です。

Apple Watchのモデル紹介

Apple Watchには、Apple Watch HermèsやApple Watch Nikeなど、多様なモデルが用意されています。また、ケースやバンドの組み合わせを変えて、好みの仕様にすることもできます。

1 Apple Watchの種類

Apple Watch Series6には、Apple Watch、Apple Watch Nike、Apple Watch Edition、Apple Watch Hermèsの4種類のバリエーションが用意されています。4種類の大きな違いは、ケースとバンドの組み合わせと付属品の有無で、技術仕様に差異はありません。なお、Apple Watch SEにはApple WatchとApple Watch Nikeが、Series3にはApple Watchが用意されています。

バンドの互換性

Apple Watchは、各モデルによってケースとバンドが異なる組み合わせで販売されています。単体で販売されているソロループ、スポーツバンド、スポーツループ、ミラネーゼループ、ステンレススチールバンド、レザーバンドなど、バンドは過去のApple Watchすべてに共通で、好みのバンドに変更できます。

各モデルの違い

Apple Watchは、各モデルごとにケースとバンドの種類が異なります。Apple Watchのケースには、アルミニウムケースとステンレススチールケースの2種類が、Apple Watch Editionにはチタニウムケースがあります。アルミニウムケースは低価格で購入することができ、重さも軽量です。ステンレススチールケースはより高級感のある光沢が特徴で、アルミニウムケースよりも重く、強度面でも優れています。なお、チタニウムケースはステンレススチールよりもさらに頑丈かつ軽量であることが特徴です。

	モデル名称	ケース	バンド	購入時の付属品
Series6	Apple Watch（GPSモデル）	アルミニウムケース	ソロループまたはスポーツバンドまたはスポーツループ	―
	Apple Watch（GPS+Cellularモデル）	アルミニウムケースまたはステンレススチールケース	スポーツバンドまたはミラネーゼループまたはレザーバンド	―
	Apple Watch Nike	アルミニウムケース	Nikeスポーツバンドまたは Nikeスポーツループ	―
	Apple Watch Hermès	ステンレススチールケース	Hermèsレザーストラップ	Hermèsオレンジスポーツバンド
	Apple Watch Edition	チタニウムケース	ソロループまたはスポーツループまたはレザーリンク	―

	モデル名称	ケース	バンド	購入時の付属品
SE	Apple Watch	アルミニウムケース	ソロループまたはスポーツバンドまたはスポーツループ	―
	Apple Watch Nike		Nikeスポーツバンドまたは Nikeスポーツループ	―

	モデル名称	ケース	バンド	購入時の付属品
Series3	Apple Watch	アルミニウムケース	スポーツバンド	―

ソロループ

Apple Watchには多彩なバンドが用意されていますが、今回新たに「ソロループ」が追加されました。バンドにつなぎ目がないのが特長で、柔らかく伸縮性があるため、手首にフィットするようなスタイルに作られています。

サイズ

Apple Watch Series6とSEには、40mmと44mmの2種類の大きさが用意されています。基本的な性能に違いはありませんが、画面上の表示箇所によっては、サイズの大きなモデルのほうがテキストが少しだけ大きく表示されます。
Apple Watch Series3には、38㎜と42㎜の大きさが用意されています。

			アルミニウム	ステンレススチール	チタニウム
Series6／SE	40 mm	大きさ	縦40×横34×厚さ10.4mm		
		ケース重量	30.5g※1	39.7g	34.6g
	44 mm	大きさ	縦44×横38×厚さ10.4mm		
		ケース重量	36.5g※2	47.1g	41.3g

※1　Apple Watch SEは、GPSモデルが30.49g、GPS+Cellularモデルが30.68gです。
※2　Apple Watch SEは、GPSモデルが36.2g、GPS+Cellularモデルが36.36gです。

			アルミニウム
Series3	38 mm	大きさ	縦38.6×横33.3×厚さ11.4mm
		ケース重量	26.7g（GPSモデル） 28.7g（GPS+Cellularモデル）
	42 mm	大きさ	縦42.5×横36.4×厚さ11.4mm
		ケース重量	32.3g（GPSモデル） 34.9g（GPS+Cellularモデル）

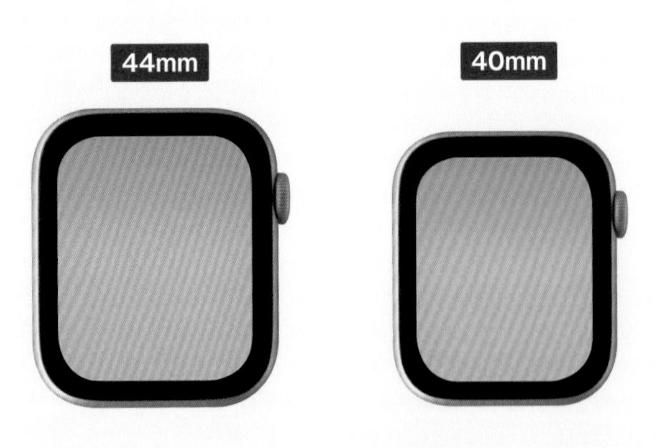

Apple Watch Series6のラインナップ

●Apple Watch

Apple Watch Series6は、シルバー、ゴールド、スペースグレイ、ブルー、(PRODUCT)REDのアルミニウムケースあるいはステンレススチールケースに、多彩な種類のバンドやループが付属しています。

価格：GPSモデル 42,800円～
　　　GPS+Cellularモデル 53,800円～

●Apple Watch Nike

アルミニウムケースに、Nikeスポーツバンドが付属しています。専用バンドは、耐久性と軽量性を兼ね備えた素材を使用し、圧縮成形された通気穴を並べて軽量化と通気性の向上を実現させています。オリジナルの文字盤も選択できます。

価格：GPSモデル 42,800円～
　　　GPS+Cellularモデル 53,800円～

●Apple Watch Hermès

ステンレススチールケースに、Hermèsレザーストラップと Hermèsスポーツバンドが付属しています。オリジナルの文字盤も選択できます。なお、左写真のブリック/ベトンのドゥブルトゥールレザーストラップは、40mmケースのみです。

価格：GPS+Cellularモデルのみ 133,800円～

●Apple Watch Edition

より強度が高く軽量なチタニウムを使用したモデルです。チタニウムはステンレススチールの2倍の重量比強度です。

価格：GPS+Cellularモデルのみ 82,800円～

Apple Watchを充電する

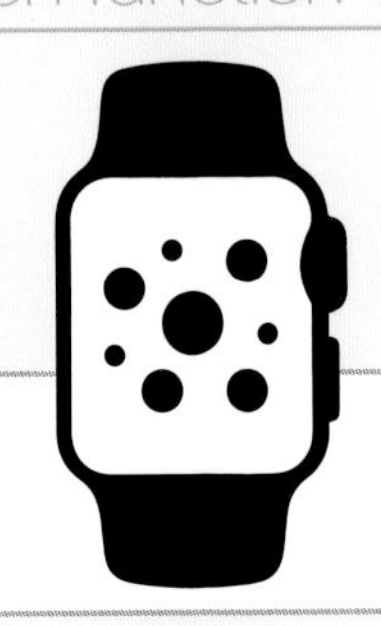

Apple Watchは付属の充電ケーブルを使用して、こまめに充電するようにしましょう。なお、バッテリーの消費量は利用法によって異なります。

1 Apple Watchを充電する

Apple Watchを充電するには、磁気充電ケーブルを電源アダプタに差し込み、電源アダプタをコンセントに差し込みます。右の図のように本体の裏面に磁気充電ケーブルの凹んでいる面をくっつけると、充電が開始されます。充電が開始されるとチャイム音が鳴り、充電が開始されます（Apple Watchを消音モードにしている場合、チャイムは鳴りません）。
なお、別売の「Apple Watch磁気充電ドック」や「Belkin BOOST UP Wireless Charging Dock for iPhone + Apple Watch」を利用すると、Apple Watchのバンドを開いた状態で裏面を下にして置いても、横向きに置いても充電することが可能です。

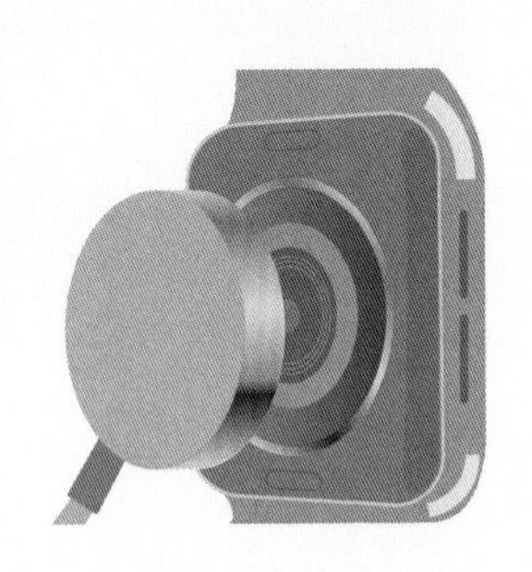

MEMO バッテリーの消費量と利用可能時間

Apple Watchは、使う機能や時間によって、バッテリーの消費量が異なります。また、GPSやLTEを使用していると、右の表よりも多くのバッテリーを消費します。基本的には常に身に着けているものなので、1日の終わりには必ず充電器に接続し、翌日に備えるようにしましょう。なお、Apple Watchを0%から100%まで充電するのに、約1.5時間かかります。

1日のバッテリー駆動時間※	最大18時間
オーディオ再生	最大11時間
連続通話時間	最大1.5時間
ワークアウト	最大11時間

※1日のバッテリー駆動時間は、18時間の間に90回の通知、90回の時刻チェック、45分間のアプリケーション使用、Apple WatchからBluetooth経由で音楽再生をしながら60分間のワークアウトを実施した場合にもとづいた、Appleによるテスト結果です。

Apple Watchの各部名称

Apple Watchは、本体側面のボタンやタッチディスプレイを利用して、各種操作を行います。それぞれシンプルな形状で、操作も直感的に行えるように設計されています。

各部名称

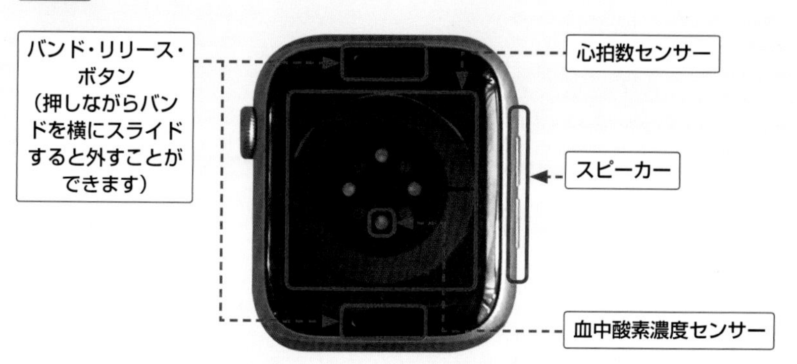

Apple Watchの基本操作

Apple Watchは、タッチディスプレイのほかに、デジタルクラウンやサイドボタンを用いて操作を行います。ここでは、Apple Watchを利用するにあたり、基本となる操作方法を解説します。

1 腕の上げ下げと常時点灯

情報の確認

腕を持ち上げてディスプレイをのぞくように動作すると、画面が明るくなります。

Siriの起動

腕をすばやく口元に移動し、ディスプレイに話しかけるとSiriが起動します（Sec.11参照）。

明るい画面

暗い画面

Series6と5は画面を常時表示することができます。スリープ状態になることがないので、必要な情報をすぐに確認できます（Sec.78参照）。なお、Series4/3/SEは常時表示に対応しておらず、手首を上げると画面表示がオンになります。

本体とディスプレイの操作

デジタルクラウンを押す

デジタルクラウンを押すと、Apple Watchのディスプレイが表示されます。

デジタルクラウンを長押しする

デジタルクラウンを長押しすると、Siri（Sec.11参照）が起動します。

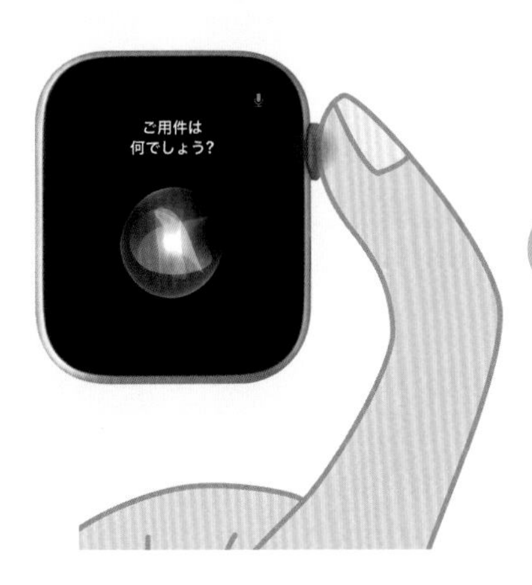

デジタルクラウンを上下に回す

デジタルクラウンを上下に回すと、拡大や縮小、スクロール、プレイリストからお気に入りの音楽を探すことなどを、すばやく行うことができます。

デジタルクラウンを2回押す

デジタルクラウンを2回押すと、最後に起動したアプリが表示されます。

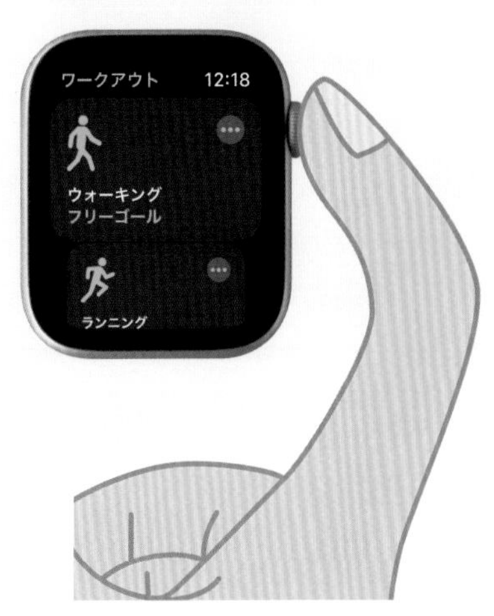

サイドボタンを押す

ディスプレイが表示されている状態でサイドボタンを押すと、Dock画面が表示されます。

サイドボタンを長押しする

サイドボタンを長押しすると、電源オフ、緊急SOSの画面になります。

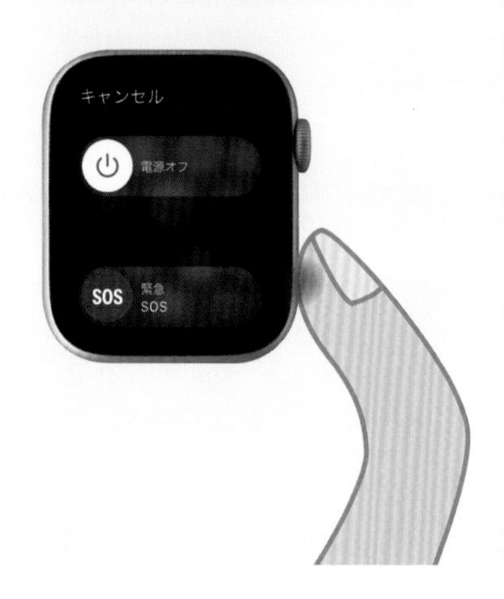

サイドボタンを2度押しする

サイドボタンを2度押しすると、Apple Payの画面になります。

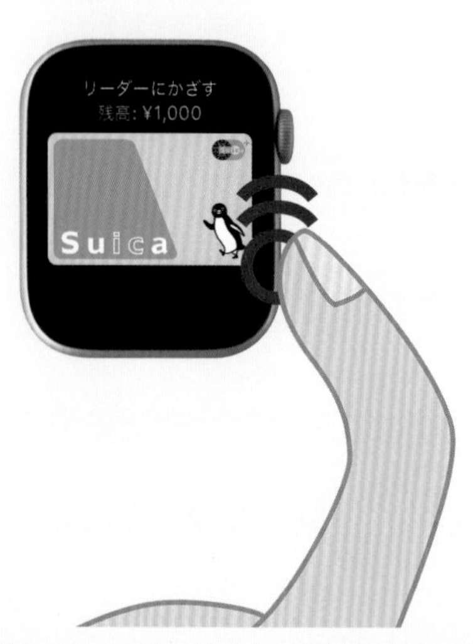

タップ

画面に軽く触れてすぐに離すことを「タップ」といいます。

ダブルタップ

「タップ」を2回くり返すことを、「ダブルタップ」といいます。

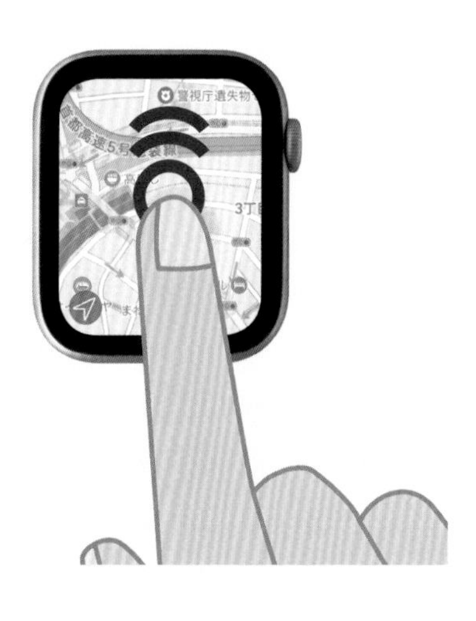

ドラッグ／スライド

ボタンやアイコンなどに触れたまま特定の位置までなぞることを「ドラッグ」または「スライド」といいます。

スワイプ

画面上を上下左右に指でなぞる、または軽く払うような動作を「スワイプ」といいます。

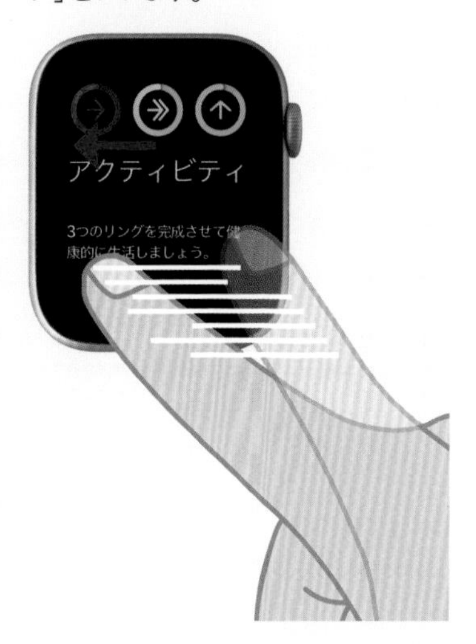

長押し

画面をタッチして押さえたままにすることをいいます。

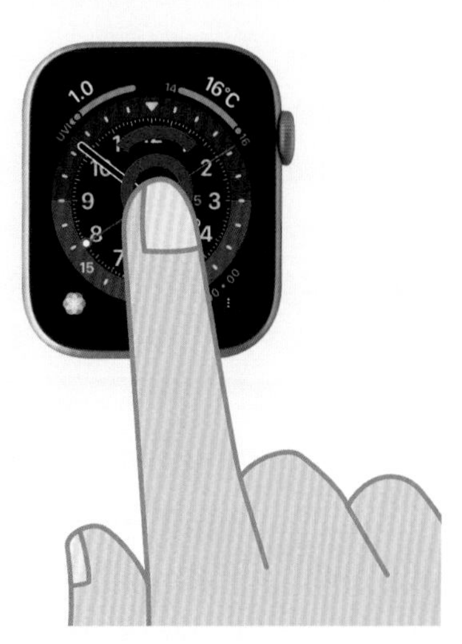

iPhoneとペアリングする

Apple Watchは、iPhoneとペアリングすることによって初めて利用することができます。購入したらまずは、iPhoneの<Watch>アプリからペアリングを行いましょう。

1

iPhoneとApple Watchをペアリングする

1 Apple Watchのサイドボタンを長押しして電源をオンにします。初回起動時は各言語で「iPhoneをApple Watchに近づけてください」と表示されるので、iPhoneで手順2以降の操作をしていきます。

2 iPhoneのホーム画面で<Watch>をタップして<Watch>アプリを起動します。

ペアリングできるのは?

watchOS7を搭載した Apple Watch を使うには、iOS14以降を搭載したiPhone 6S以降とペアリングする必要があります。Apple WatchとペアリングしたいiPhoneがまだiOS13以前の場合は、Apple Watchとのペアリングを行う前に、iPhoneをアップデートしましょう。アップデートするには、iPhoneのホーム画面で<設定>→<一般>→<ソフトウェア・アップデート>の順にタップします。

3 ＜ペアリングを開始＞→＜自分用に設定＞の順にタップします。

4 Apple Watchのディスプレイ部分が、iPhoneのファインダーに写るようにします。

5 ペアリングが完了しました。

MEMO カメラの読み込みがうまくいかない場合は?

手順④で、カメラの読み込みが正常に行われない場合は、＜Apple Watchと手動でペアリングする＞をタップし、表示されるデバイス名をタップします。Apple Watchの🅘をタップすると、コード番号が表示されるので、それをiPhoneの画面で入力します。

Apple Watchで"i"アイコンをタップして、Apple Watchの名前を確認します。次に、下のリストでその名前をタップします。
タップする
デバイス
Apple Watch 57643

初期設定を行う

Apple WatchとiPhoneをペアリングすると、iPhoneに初期設定画面が表示されます。GPS+Cellularモデルの場合、初期設定中にモバイル通信設定の画面が表示されます。

1

Apple Watchを設定する

1 iPhoneの「Apple Watchのペアリングが完了しました」画面で、<Apple Watchを設定>をタップします。

2 Apple Watchを装着する腕を選択します。<左>もしくは<右>をタップします。

3 「利用規約」画面が表示されます。内容を確認し、画面右下の<同意する>をタップします。

4 「Apple ID」画面が表示されます。<パスワードを入力>をタップしてパスワードを入力し、<サインイン>をタップします。

5 「ワークアウト経路追跡」画面が表示されます。<経路追跡を有効にする>をタップします。

6 「共有される設定」画面が表示されます。<OK>をタップします。

7 「太文字とサイズ」画面が表示されます。好みのスタイルに設定し、<続ける>をタップします。

8 「Apple Watchのパスコード」画面が表示されます。<パスコードを追加しない>をタップします。パスコードを設定する場合は<パスコードを作成>をタップし、画面に従って設定します（Sec.79参照）。

9 「アクティビティ」画面が表示されます。<この手順をスキップ>をタップするか、設定する場合は<"アクティビティ"を設定>をタップし、Sec.43を参考に設定します。

10 「取り込まれた酸素のレベル」画面が表示されます。<有効にする>をタップするか、<あとでセットアップ>をタップします。

11 「Apple Watchを常に最新の状態に」画面が表示されます。<続ける>をタップします。

12 「緊急SOS」画面が表示されます。<続ける>をタップします。

13 GPS+Cellularモデルでは「モバイル通信設定」画面が表示されます。<今はしない>をタップするか、設定する場合は<モバイル通信を設定>をタップし、P.29 MEMOを参考に設定します。

14 「時計文字盤」画面が表示されるので、<続ける>をタップします。次の画面で「利用可能なAppをインストール」画面が表示されるので、<あとで選択>をタップします。

15 「Apple Watchと同期中です」と表示され、同期が始まります。画面の表示が出た場合は<OK>をタップします。

16 同期が完了すると、「ようこそApple Watchへ」画面が表示されます。<OK>をタップします。

モバイル通信の設定を行う

Apple WatchのGPS+Cellularモデルは、iPhoneと同じキャリアのモバイル通信プランを契約することで、Apple Watch単体での通話や通信ができるようになります。キャリアと契約する場合は、手順13で<モバイル通信を設定>をタップするか、iPhoneのホーム画面で<Watch >アプリを起動し、<マイウォッチ>→<モバイル通信>→<モバイル通信を設定>の順にタップします。画面の指示に従って設定を行うと、Apple Watchでモバイル通信ができるようになります。なお、日本国内でモバイル通信プランを利用できるキャリアは、2020年10月時点ではNTT docomo、au、SoftBankのみです。うまく設定できない場合は、各キャリアショップでも契約可能です。

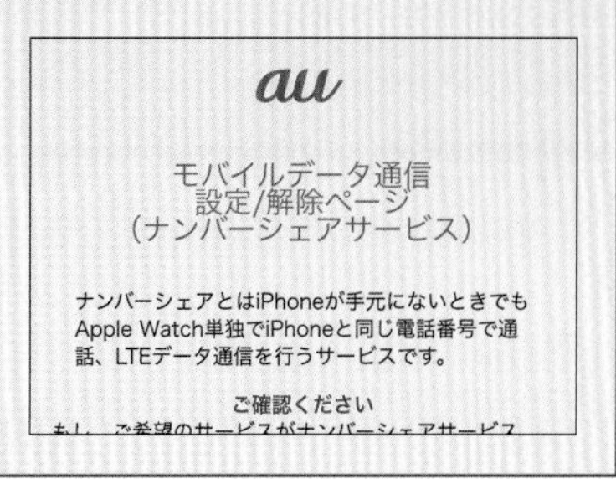

Apple Watchの画面

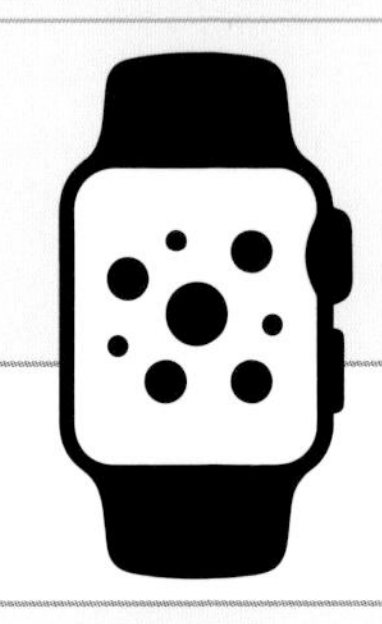

Apple Watchの基本画面には、時計として利用する「文字盤」画面と、アプリを利用するときに表示する「ホーム画面」があります。文字盤には通知やロックなどのステータスアイコンが表示されます。

1 Apple Watchの基本画面

●文字盤

Apple Watchの文字盤です。文字盤には多様なデザインが用意されており、デジタル／アナログ盤の切り替えだけでなく、キャラクターを用いたユニークなものなど、アレンジして楽しめます。また、文字盤によっては、文字盤のスタイルやカラー、時刻だけでなく、アラーム・天気・その日のスケジュールなどの情報（コンプリケーション）を、組み合わせて表示することができます（Sec.15参照）。

●ホーム画面

文字盤が表示された状態でデジタルクラウンを押すと、ホーム画面に切り替わります。ホーム画面には、内蔵されているアプリやインストールしたアプリが丸いアイコンとして表示され、タップすると各アプリを起動できます。なお、アイコンを長押しすると細かく揺れ出すので、そのままドラッグして、アイコンの位置を並び替えることができます。

文字盤の見方

文字盤には現在の時刻だけでなく、日付やその日の予定など、さまざまな情報が表示されます。文字盤に表示される情報は、文字盤のデザインによって異なり、コンプリケーションをカスタマイズ（Sec.15参照）することで、好みの情報を表示することもできます。また、Apple WatchとペアリングしているiPhoneにメールや着信があると、画面の上部に通知アイコン●が表示されます。

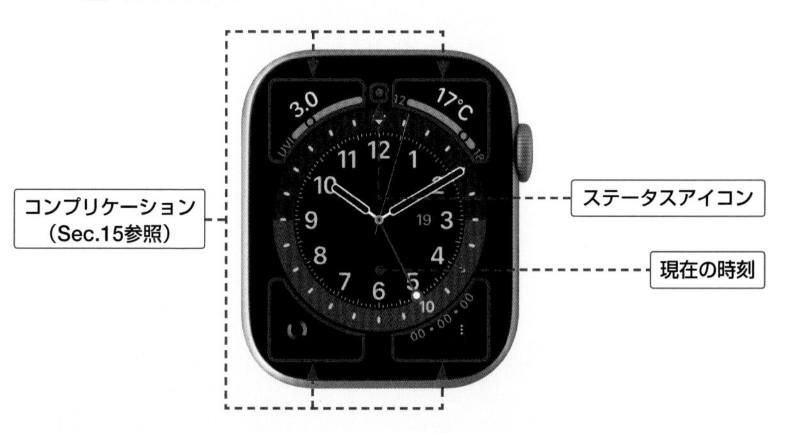

ステータスアイコン			
	未読の通知がある状態です。		おやすみモード：電話や通知などで音が鳴ったり、ディスプレイが点灯したりしません。アラームのみ有効です（P.40参照）。
	Apple Watchを充電している状態です。		Apple Watchにパスコードロックがかかっている状態です（Sec.79参照）。
	機内モード：ワイヤレス通信を利用しない機能のみ利用することができます（P.39参照）。		iPhoneとのペアリング接続が解除されている状態です。
	防水ロックがオンになっている状態です。防水ロック中は、タップしても画面が反応しません（P.41参照）。		ワークアウトを使用している状態です。
	Apple Watchとモバイルデータ通信ネットワークとの接続が切れている状態です。		シアターモード：腕を動かしたり通知があったりしても、画面をタップするかボタンを押すまでは画面が暗いままで、音も鳴りません。

Apple Watchを操作する

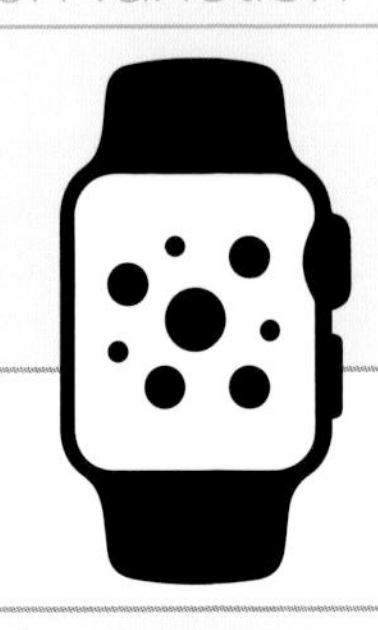

Apple Watchの画面は、上下左右へスワイプするか、デジタルクラウンやサイドボタンを押すことでさまざまに切り替えることができます。ホーム画面にはさまざまなアプリが標準で表示されています。

アプリを起動する

1 文字盤を表示した状態で、デジタルクラウンを押します。

2 ホーム画面に切り替わります。アプリ(ここでは<電話>)をタップします。

3 アプリが起動します。

MEMO **デジタルクラウンでアプリを起動する**

起動したいアプリを画面中央に表示した状態でデジタルクラウンを上方向に回すと、そのアプリを起動することができます。

通知を確認する

① メッセージなどの通知があると、サウンドや振動とともにその内容が画面に表示されます。すぐに対応しない場合は、デジタルクラウンを押します。

② 文字盤の画面上部に通知アイコン●が表示されるので、画面を下方向にスワイプすると通知センターが表示されます（Sec.13参照）。

コンプリケーションを利用する

① 文字盤を表示し、コンプリケーションをタップします。

② コンプリケーションのアプリや情報が表示されます。

文字盤をタップする

文字盤をタップすると、コンプリケーションとは別に、その文字盤ごとに違う動作をします。たとえば、「アクティビティデジタル」（P.53）の場合は<アクティビティ>アプリが起動し、「アーティスト」の文字盤（P.53）や「ミー文字」（P.55）の場合はアニメーションで楽しませてくれます。

画面の切り替え操作一覧

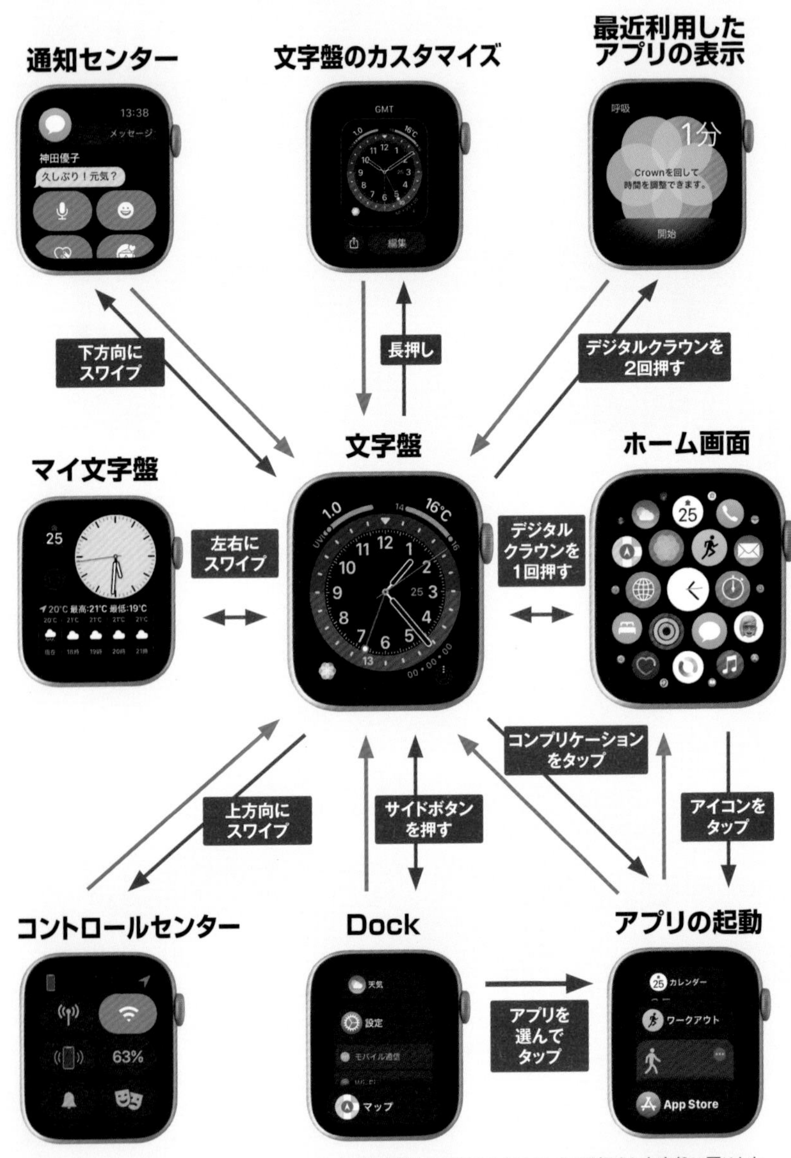

※ ←基本的に、デジタルクラウンを1回押すと文字盤に戻ります。
※Dock、Siri、Apple Payは、どの画面からでも起動できます。

●Siriを起動する

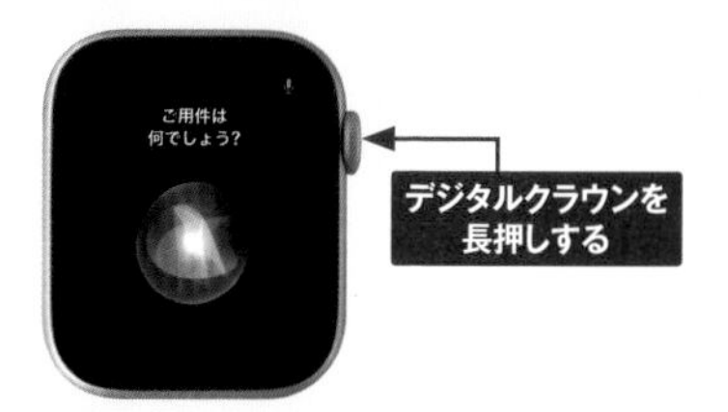

●Apple Payで支払う

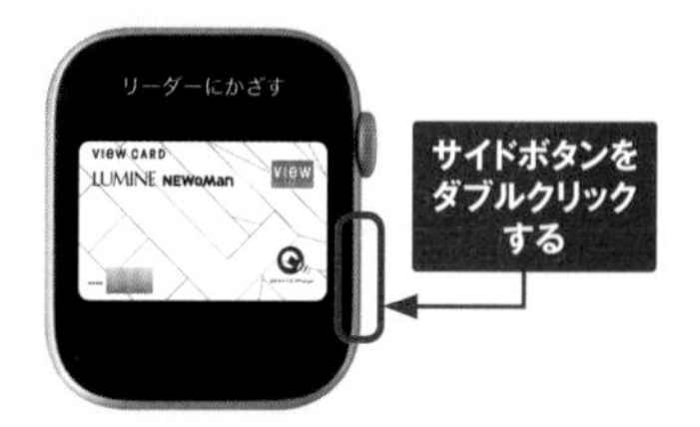

電源をオフにする

1 サイドボタンを2秒以上長押しします。

2 <電源オフ>を右方向にスライドすると、電源がオフになります。

Siriでアプリなどを操作する

Apple Watchの各操作やアプリの起動などは、Siriで行うこともできます（Sec.11参照）。Siriを起動して、「マップ」とApple Watchに話しかけると、マップアプリを起動できます。また、「○○に電話をかけて」のようにApple Watchに話しかけると、指定の相手に電話をかける画面をすぐに表示することができます。

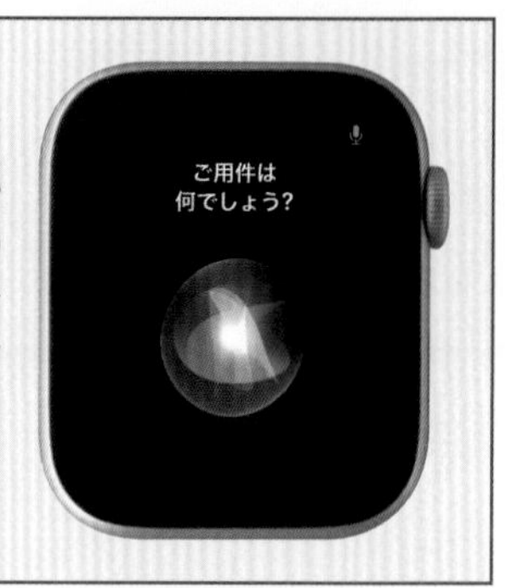

ホーム画面に表示される標準アプリ

アプリ一覧		
	Apple Store	アプリをインストールできます（Sec.71参照）。
	Podcast	Podcastを聞いたり、カタログ内のPodcastをSiriを使ってストリーミング再生したりできます。
	Radio	ステーションを選択して、音楽やニュースを聴くことができます。
	Remote	iTunesやApple TVのリモコンとして操作できます。
	Wallet	クレジットカードなどを一括管理できます（Sec.21参照）。
	アクティビティ	毎日どれくらい運動しているかを管理できます（Sec.43参照）。
	アラーム	指定した時刻にアラームをかけることができます（Sec.18参照）。
	オーディオブック	ナレーターや声優が本を朗読した「オーディオブック」を聞くことができます。
	カメラリモート	iPhoneの<カメラ>アプリのリモコンとして操作できます。
	カレンダー	iPhoneの<カレンダー>アプリで入力した予定を確認できます。
	コンパス	コンパスを利用できます（Series6とSEのみ）。
	ショートカット	あらかじめ設定したショートカットをワンタップで実行できます（Sec.74参照）。
	ストップウォッチ	ストップウォッチで時間を計測できます（Sec.19参照）。
	タイマー	時間・分・秒を指定してタイマーを利用できます。
	トランシーバー	連絡先を選んでタップするだけで通話できます（Sec.41参照）。
	ノイズ	設定した音量以上の環境に一定時間さらされていると、注意を促してくれます（Sec.65参照）。
	ボイスメモ	ボイスメモを利用できます（Sec.63参照）。
	ホーム	iPhoneで設定したHomekitアクセサリを操作できます。
	マップ	現在地を表示したり、マップを検索したりできます（Sec.64参照）。
	ミー文字	オリジナルのミー文字を作成できます。
	ミュージック	iPhoneの音楽の操作や、Apple Watchへの同期ができます（Sec.66参照）。

	メール	iPhoneの<メール>アプリを同期して利用できます（Sec.30 ～ 35参照）。
	メッセージ	iPhoneの<メッセージ>アプリを同期して利用できます（Sec.28 ～ 29参照）。
	リマインダー	iPhoneの<リマインダー>アプリで登録したタスクを確認できます。
	ワークアウト	運動の距離や消費カロリーなどを指定して記録できます（Sec.47参照）。
	株価	株価の情報を確認できます。
	計算機	電卓を利用できます。
	血中酸素ウェルネス	血中に取り込まれた酸素のレベルを計測できます（Sec.56参照）。
	呼吸	リラックスして呼吸する時間を確保するよう促します（Sec.57参照）。
	再生中	iPhoneでオーディオ再生した際、Apple Watch上で音量調整などの操作を行うことができます。
	写真	iPhone内の写真を同期して見ることができます（Sec.70参照）。
	周期記録	月経周期の情報を毎日記録できます（Sec.60参照）。
	心拍数	心拍数を計測できます（Sec.55参照）。
	人を探す	自分の位置情報を家族や友達と共有できます。
	睡眠	睡眠を記録して、日々の睡眠時間を把握したり、過去の睡眠の傾向を把握したりできます（Sec.58参照）。
	世界時計	世界の主な都市の時刻を表示できます。
	設定	Apple Watchの操作や機能が設定できます（Chapter 8参照）。
	天気	天気予報を確認できます。
	電話	iPhoneと同じ電話番号で発信や着信ができます（Sec.36 ～ 39参照）。

MEMO

ホーム画面をリスト表示にする

ホーム画面でをタップして<設定>アプリを起動し、<App表示>をタップすると、ホーム画面をリスト表示に切り替えることができます。

コントロールセンターを利用する

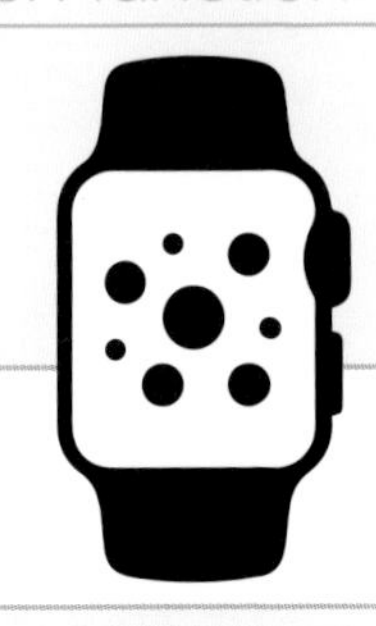

コントロールセンターでは、バッテリー残量や通信状況の確認、機内モードやおやすみモードの切り替えなど、Apple Watchの状態を確認したり、設定を切り替えたりすることができます。

1 コントロールセンターを利用する

❶タップするとモバイルデータ通信のオン／オフが切り替わります（GPS+Cellularモデルのみ）。

❷Wi-Fiと接続すると青色になります。タップするとWi-Fiが解除されます。

❸タップするとiPhoneを呼び出すことができます（P.41参照）。

❹バッテリー残量を表示します。

❺タップすると消音モードになり、アラーム音を含むすべての音が消えます。

❻タップするとシアターモードになり、再び画面をタップするか、ボタンを押すまでは、画面が暗いままになり音も鳴らなくなります。

❼タップするとトランシーバーを利用できます（Sec.41参照）。

❽タップするとおやすみモードになります（P.40参照）。

❾タップすると睡眠モードになります（Sec.58参照）。

❿タップすると画面が真っ白になり、懐中電灯の代わりになります。

⓫タップすると機内モードになります（P.39参照）。

⓬防水ロックがオンになります（P.41参照）。

⓭タップするとAirPlayを利用できます。

コントロールセンターを表示する

① 文字盤を表示し、画面を上方向にスワイプします。

② 「コントロールセンター」画面が表示されます。

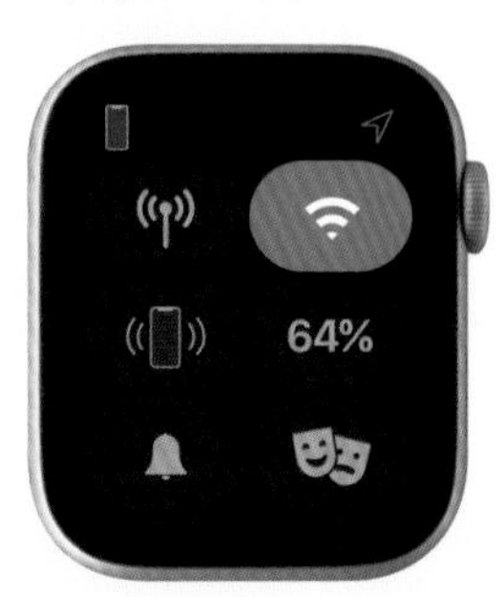

機内モードにする

機内モードを有効にすると、モバイルデータ通信、Wi-Fiの通信がオフになります。

① コントロールセンターを表示し、をタップすると、機内モードが有効になります。

② デジタルクラウンを押して文字盤に戻ると、ステータスバーに が表示されます。

MEMO 機内モードをiPhoneと連動させる

iPhoneで＜Watch ＞アプリを起動して、＜マイウォッチ＞→＜一般＞→＜機内モード＞の順にタップします。「iPhoneを反映」のをタップしてにして、iPhoneかApple Watchいずれかの機内モードを有効にすると、連動します。

おやすみモードにする

おやすみモードを有効にすると、電話を受けたときやメールなどの通知が届いたときに、サウンドが鳴ったり画面が点灯したりしなくなります。ただし、設定したアラームは有効なので、就寝時に最適な設定です。

1 コントロールセンターを表示し、をタップします。

2 おやすみモードの有効時間を選ぶ画面が表示されます。ここでは＜1時間オン＞をタップします。

3 タップから1時間、おやすみモードが有効になります。

4 デジタルクラウンを押して文字盤に戻ると、ステータスバーにが表示されます。

おやすみモードのオプション

手順②の画面で＜オン＞をタップすると、オフに切り替えるまで、おやすみモードがオンのままになります。＜今日の夜までオン＞をタップすると、午後7時まで自動的にオフになります。＜ここを出発するまで＞をタップすると、画面上の場所を離れたあとで自動的にオフになります。＜イベント終了時までオン＞をタップすると、画面上のイベントが終わったあとで自動的にオフになります。

iPhoneを呼び出す

iPhoneが見つからないとき、iPhoneから音を出すことができます。

1 コントロールセンターを表示し、をタップします。

2 「iPhoneを呼出中」という表示とともに、iPhoneからアラーム音が鳴ります。

防水ロックを設定する

防水ロックは、Apple Watchを装着しながら浅い水深でワークアウトを行う場合に利用します。なお、スキューバダイビング、ウォータースキー、高速水流または低水深を超える潜水をともなうそのほかのアクティビティを行う場合は、Apple Watchを装着しないようにしましょう。

1 コントロールセンターを表示し、をタップすると、防水ロックが有効になります。

2 デジタルクラウンを回すと、スピーカーから音が鳴り、その振動によって排水が始まります。

Siriで操作する

音声でApple Watchを操作できる機能「Siri」を使ってみましょう。Siriの起動は、デジタルクラウンの長押し、手首を上げる（P.20参照）、Hey Siriと話しかける（P.209参照）の3種類があります。

1 Siriを利用する

① デジタルクラウンを長押しします。

② Siriが起動するので、Apple Watchに操作してほしいことを話しかけます。

③ ここでは例として、「朝9時に起こして」と話しかけます。

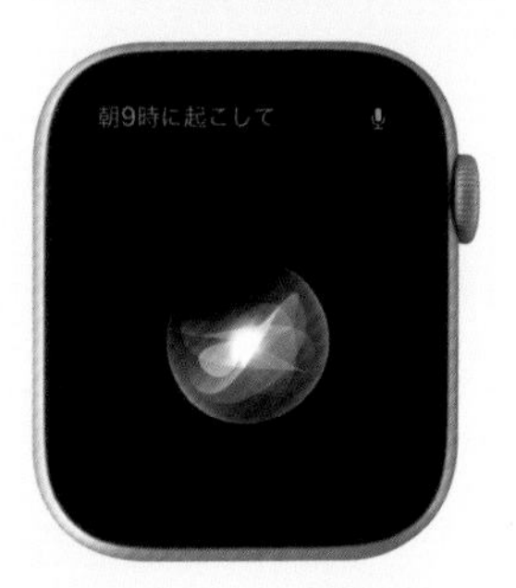

④ アラームが午前9時に設定されました。

Dockを利用する

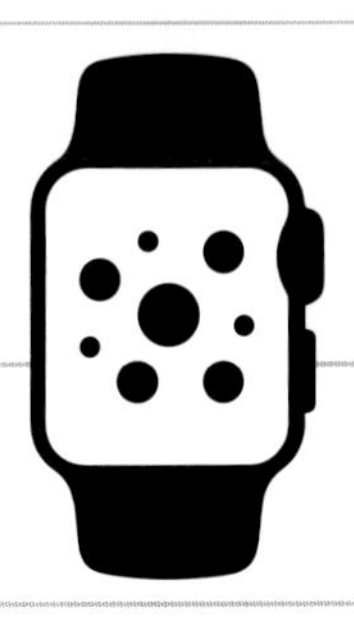

「Dock」（ドック）には最近使ったアプリが表示されます。複数のアプリを切り替えて利用するのに便利です。よく使うアプリを登録することもできます。

Dockを切り替える

1 サイドボタンを押します。

2 Dockに最近使ったアプリが表示されます。

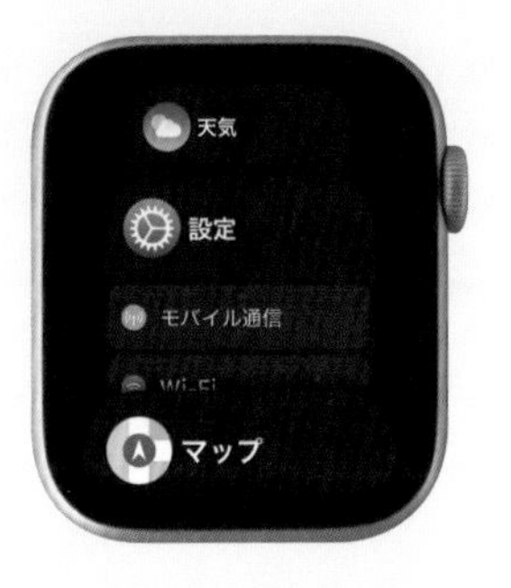

3 上下にスワイプします。アプリ(ここでは<ワークアウト>)をタップします。

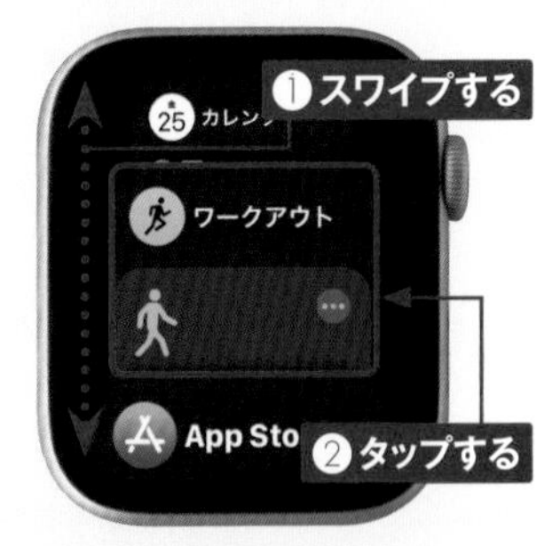

4 アプリが起動します。サイドボタンを押すとDockに、デジタルクラウンを2回押すと文字盤に戻ります。

Dockによく使うアプリを表示する

Apple Watchの初期状態では、最近使ったアプリがDockに表示されますが、よく使うアプリを選んで表示させることもできます。

1 iPhoneのホーム画面で<Watch>をタップし、<マイウォッチ>→<Dock>の順にタップします。

2 <よく使う項目>をタップします。

3 画面右上の<編集>をタップします。

4 と をタップしてよく使う項目に登録するアプリを選択し、<完了>をタップします。

MEMO アプリをDockから削除する

P.43手順③の画面でアプリを左方向にスワイプし、☒をタップするとアプリをDockから削除できます。

通知センターを利用する

Apple Watchの通知を確認するために腕を上げると通知の概要が表示され、その数秒後に詳細が表示されます。通知を見逃した場合は通知センターで確認します。

見逃した通知を通知センターで確認する

1 新着通知があると、画面上部に通知アイコン●が表示されます。画面を下方向にスワイプします。

2 通知センターが表示されるので、通知（ここでは電話の着信）をタップします。

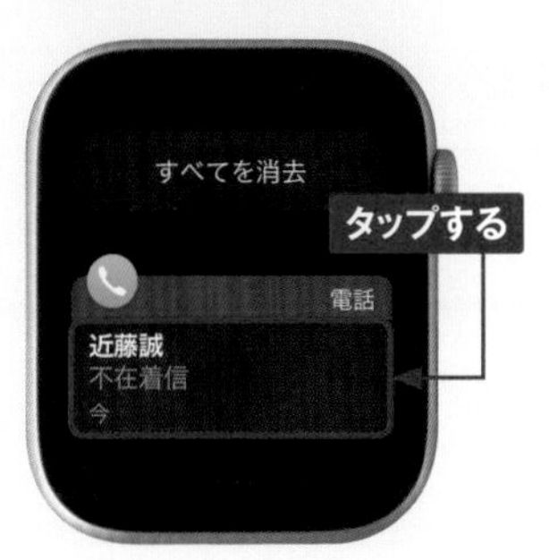

3 <メッセージ>をタップします。

4 <メッセージ>アプリが起動し、メッセージを送ることができます。

通知をカスタマイズする

Apple Watchに表示される通知は、初期状態ではペアリングしているiPhoneの通知設定が反映されています。通知は、アプリごとに個別に設定することもできます。

1 iPhoneのホーム画面で＜Watch＞をタップし、＜マイウォッチ＞→＜通知＞の順にタップします。

2 画面を上方向にスワイプし、目的のアプリ(ここでは＜カレンダー＞)をタップします。

3 「iPhoneを反映」にチェックが付いていれば、iPhoneでの設定内容がそのまま反映されます。＜カスタム＞をタップし、＜通知オフ＞をタップして✓にすると、iPhoneの通知がApple Watchには通知されなくなります。

4 iPhoneと別の設定にしたい場合は、＜カスタム＞をタップします。

5 <通知を許可>をタップすると、P.46と同様に通知が表示されます。

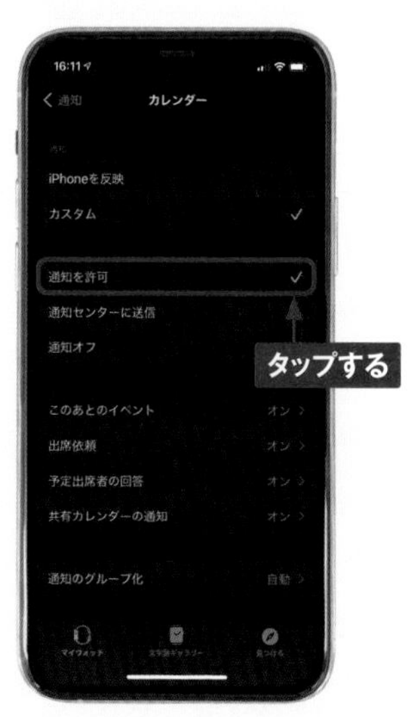

6 <通知センターに送信>をタップすると、通知センターでのみ通知を確認できます。

さまざまなカスタマイズ

アプリによっては、より細かく通知を設定することができます。たとえば、「メッセージ」の通知設定画面で<カスタム>をタップすると、通知方法を「サウンド」や「触覚」から選択できたり、通知をくり返す頻度を設定したりすることができます。

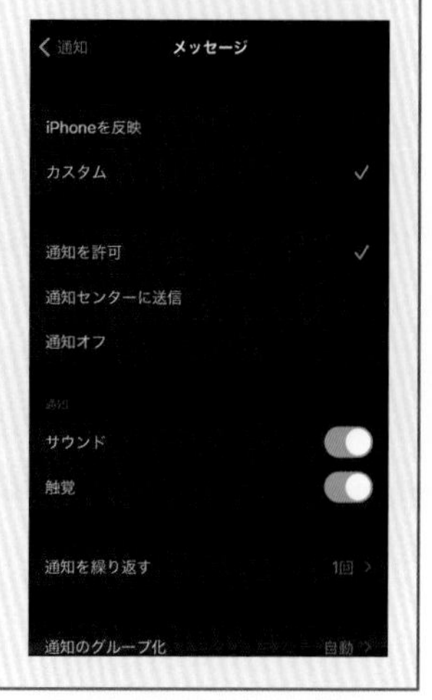

1

緊急地震速報/災害・避難情報の通知を受け取る

① iPhoneのホーム画面で<設定>をタップし、<通知>をタップします。

② 「緊急速報」の をタップして にすると、Apple Watchでも緊急速報の通知を受け取ることができます。

MEMO Apple Watch に通知が表示されない場合

iPhoneと接続されていない場合、通知はApple WatchではなくiPhoneに届きます。接続が切れている場合は、赤いiPhoneのアイコン、Xアイコン、またはWi-Fiアイコンが表示されます。また、接続していても、iPhoneを操作しているときは、Apple Watchに通知は表示されません。

時計機能を利用する

文字盤を切り替える

Apple Watchの文字盤には、多種多様なデザインが用意されており、好きなデザインにカスタマイズできます。カスタマイズした文字盤は、「マイ文字盤」として登録しておくことができます。

「マイ文字盤」を変更する

1 文字盤を表示し、画面の右端から左方向にスワイプします。

2 「マイ文字盤」に登録されている文字盤（コレクション）が表示されます。

3 左右にスワイプして好みの文字盤を表示します。

4 文字盤によっては、画面をタップするとアニメーションが表示されます。

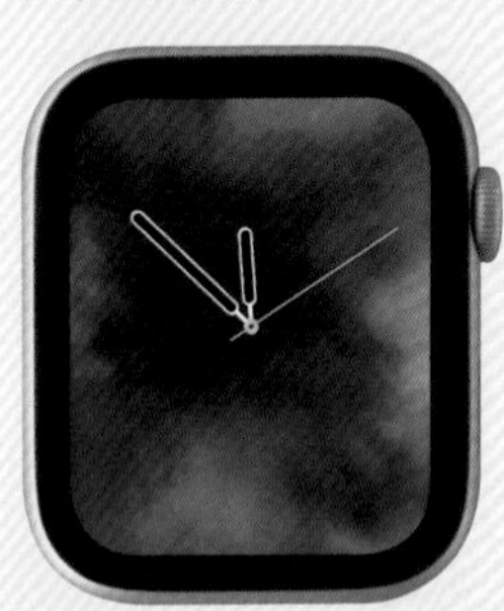

新しい文字盤を「マイ文字盤」に追加する

Apple Watchには41種類の文字盤が用意されており（2020年10月時点）、その日の気分やバンドのデザインに合わせて自由にカスタマイズできます（Sec.15参照）。「マイ文字盤」として保持できる文字盤（コレクション）は36個までで、P.50のように文字盤を左右にスワイプすることでかんたんに切り替えることができます。
文字盤に表示させる情報の種類を組み替えることもできるので、シーンや目的に応じた自分好みの文字盤に設定してみましょう。

1 文字盤を長押しし、画面を左方向に何度かスワイプします。

2 「新規」と表示のある画面で⊕をタップします。

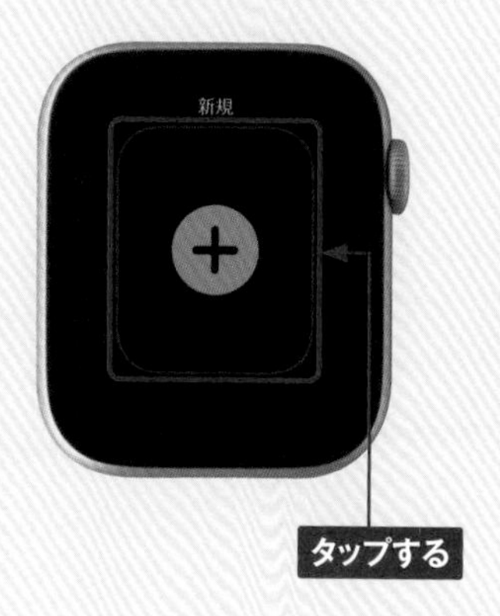

3 画面を上下にスワイプし、追加したい文字盤のデザインをタップします。

4 選択したデザインが文字盤に設定され、同時に「マイ文字盤」にも追加されます。

マイ文字盤から文字盤を削除する

① 文字盤を表示して、画面を長押しします。

② 画面を左右にスワイプし、削除したい文字盤のデザインを表示します。

③ 文字盤を上方向にスワイプします。

④ <削除>をタップします。

⑤ 文字盤のデザインがマイ文字盤から削除されました。

⑥ デジタルクラウンを押して文字盤に戻ります。

文字盤の種類

●GMT※

●アーティスト

●アクティビティ

●アストロノミー

●インフォグラフ※

●インフォグラフモジュラー※

2

※Apple Watch Series4以降とSEで利用できます。

●カウントアップ※

●カリフォルニア※

●グラデーション※

●クロノグラフプロ※

●シンプル

●ストライプ※

●ソーラー

●ミー文字※

●タイポグラフィ※

●リキッドメタル

●プライド

●デュオ

文字盤をカスタマイズする

好みの文字盤を見つけたら、次は文字盤のデザインを細かく設定してみましょう。設定できる項目は、色や時刻の単位など、選択した文字盤によって異なります。

文字盤の色を変更する

① 文字盤を長押しします。左右にスワイプして文字盤を選び、<編集>をタップします。

② 「カラー」の設定画面が表示されます。

③ 設定したい色になるまでデジタルクラウンを回します。

④ デジタルクラウンを2回押すと、文字盤の色が変更されます。

文字盤のデザインを変更する

① P.56手順①の画面で、ダイヤルを変更できる文字盤の<編集>をタップします。

② 「スタイル」の設定画面で、好みのダイヤルになるまでデジタルクラウンを回します。

③ 左方向にスワイプし、デジタルクラウンを回して秒針の色を変更します。

④ 左方向にスワイプし、表示を変えたいコンプリケーションをタップします。

⑤ 表示形式を選んでタップします。

⑥ 設定が終わったらデジタルクラウンを2回押します。

2

コンプリケーションを変更する

コンプリケーションとは、Apple Watchのアプリや設定をアイコンとして文字盤に表示する機能です。天気、バッテリーの残量など、アプリによってはアイコンのデザインで、現在の状態がライブ表示されます。また、テキスト表示のコンプリケーションは、アイコンよりも多くの情報がライブ表示されます。サードパーティ製のアプリにも、コンプリケーションに対応しているものがあり、アイコンを文字盤に追加することができます。

サードパーティ製アプリの対応は、iPhoneで<マイウォッチ>→<コンプリケーション>の順にタップして確認することができます。

① 文字盤を表示している状態で、画面を長押しします。

② 左右にスワイプし、機能を追加したい文字盤(ここでは「インフォグラフモジュラー」)の<編集>をタップします。

③ 画面を左方向にスワイプします。

④ コンプリケーションの編集画面が表示されます。変更したいコンプリケーションをタップします。

5 デジタルクラウンを上下に回して、コンプリケーションを選んでタップします。

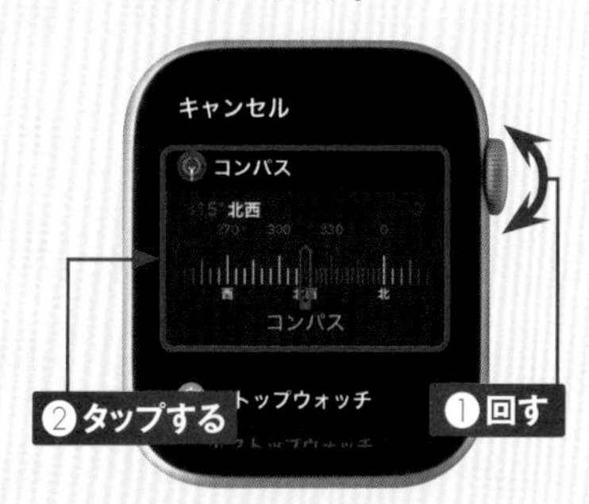

6 コンプリケーションが変更されます。別の場所をタップします。

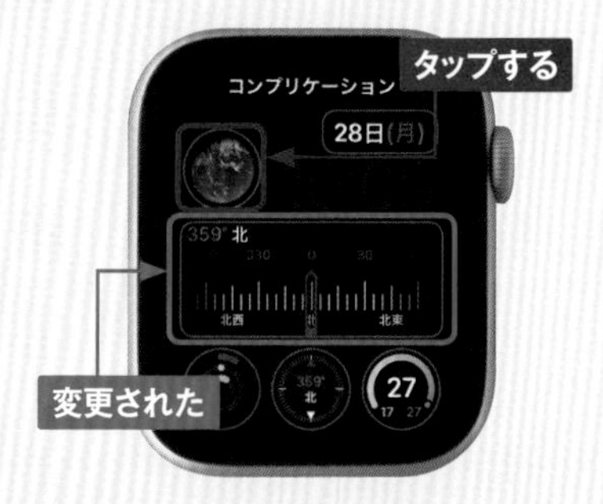

7 デジタルクラウンを上下に回すと、選択した場所のコンプリケーションを変更できます。

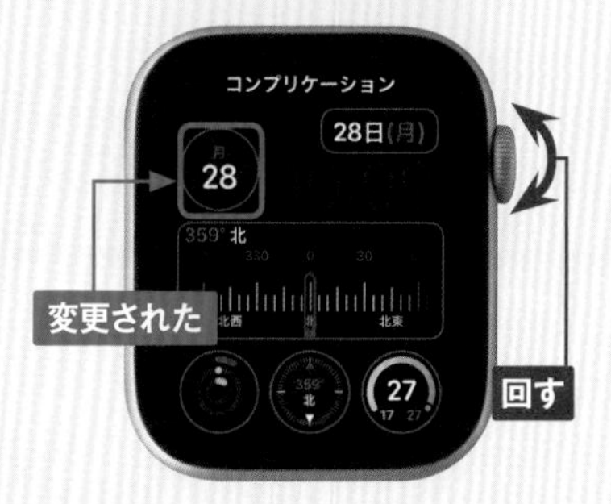

8 設定が完了したら、デジタルクラウンを2回押して、文字盤を表示します。文字盤に表示されるコンプリケーションが変更されました。

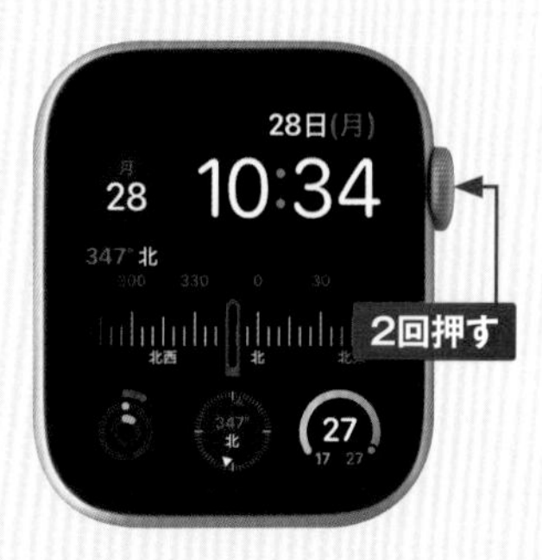

MEMO

追加できるコンプリケーション

Apple Watch Series6とSEでは、「ショートカット」「血中酸素ウェルネス」（Series6のみ）「高度」「睡眠」がコンプリケーションとして追加できるようになりました。ただし、追加できるコンプリケーションは文字盤によって異なります。たとえば、「GMT」や「カウントアップ」、「クロノグラフプロ」などは多くのコンプリケーションが追加可能であるのに対し、フルスクリーンモードがある「ヴェイパー」「グラデーション」「リキッドメタル」「火と水」「万華鏡」「タイポグラフィ」や、「プライドアナログ」「数字・デュオ」「数字・モノ」にはコンプリケーションを追加できません。

文字盤に写真を設定する

写真の文字盤を利用する場合は、iPhoneからApple Watchに同期するアルバムを選択します。

1 iPhoneのホーム画面で<Watch>をタップし、画面を上方向にスワイプして、<写真>をタップします。

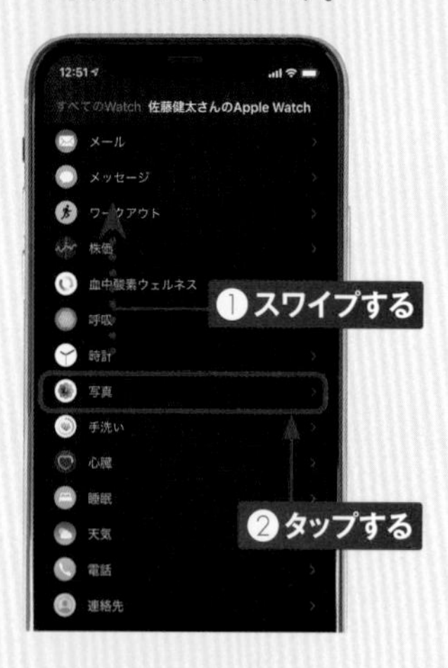

2 <選択された写真アルバム>をタップします。

3 初期設定では「お気に入り」が選択されています。同期したいアルバムをタップします。

4 選択したアルバムに☑が付き、画像が同期されます。

5 文字盤を表示して、画面を長押しします。

6 画面を左右にスワイプします。

7 「写真」の文字盤が表示されたら画面をタップします。「写真」がない場合は、P.51を参考にマイ文字盤に追加します。

8 「写真」の文字盤が設定されます。画面をタップします。

9 同期したアルバムのほかの写真が表示されます。

MEMO **1枚の写真だけを文字盤にする**

1枚の写真だけを文字盤にする場合は、<写真>アプリを起動して、画面左下の◎→<写真>の順にタップします。

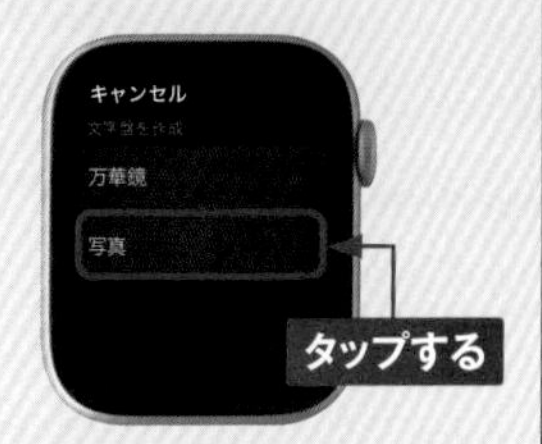

2

iPhoneからマイ文字盤を追加する

① iPhoneの ホーム画面で <Watch>をタップします。

② <文字盤ギャラリー>をタップします。

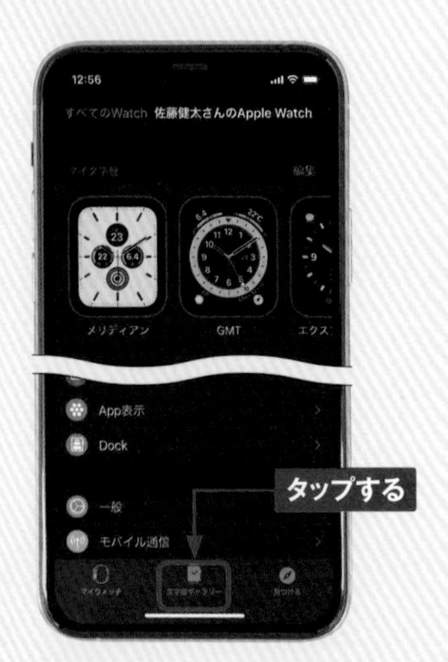

③ 画面を上方向にスワイプし、文字盤（ここでは「クロノグラフ」）をタップします。

④ カラーやタイムスケールを設定できます。

5 画面を上方向にスワイプし、「コンプリケーション」で表示内容をカスタマイズしたら、<追加>をタップします。

6 <マイウォッチ>をタップすると、「マイ文字盤」に追加した文字盤が表示されていることを確認できます。

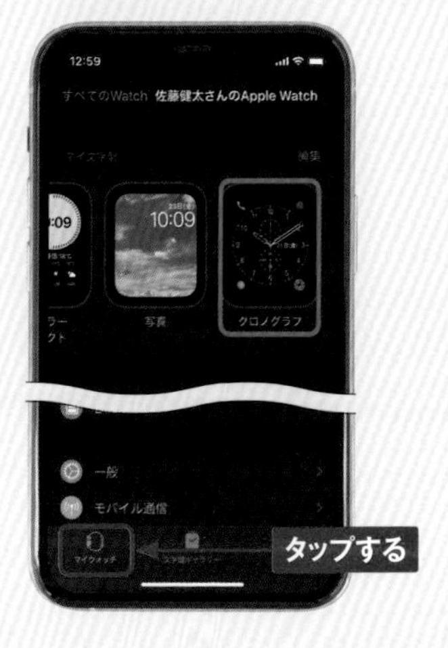

7 Apple Watchの文字盤も変更されます。

MEMO マイ文字盤をカスタマイズする

手順⑥の画面で、「マイ文字盤」の<編集>をタップします。■をタップしたまま上下にドラッグすると、コレクションの順序を入れ替えることができます。コレクションを削除したいときは、削除したい文字盤の⊖→<削除>の順にタップします。設定が終わったら、<完了>をタップして終了します。

文字盤を友達と共有する

watchOS7を搭載したApple Watchであれば、家族や友達と文字盤を共有することができます。オリジナルの文字盤を作って共有してみましょう。

文字盤を友達と共有する

① 共有したい文字盤を表示し、画面を長押しします。

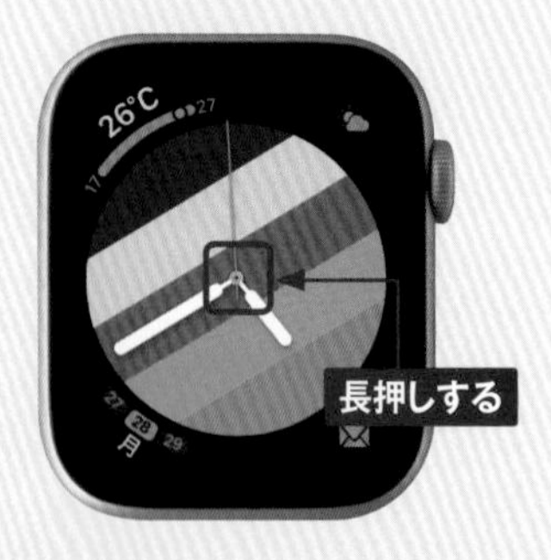

② をタップします。

③ <連絡先を追加>をタップします。

④ 共有したい相手をタップします。

5 <メッセージを作成>をタップします。

6 🎤をタップして音声入力するか、「候補」からメッセージを選んでタップします。

7 <送信>をタップします。

8 文字盤がメッセージとともに共有されます。

2

MEMO

iPhoneの<Watch>アプリから文字盤を共有する

iPhoneから文字盤を共有したいときは、<Watch>アプリを起動し、「マイ文字盤」から共有したい文字盤をタップします。画面右上の⎙をタップし、共有方法を選択して共有します。

コンプリケーションを追加する

サードパーティ製のアプリにも、コンプリケーションに対応したものがあります。＜App Store＞の「自分だけの文字盤を作ろう」からアプリをインストールし、コンプリケーションを設定して利用します。

コンプリケーションをインストールする

① ホーム画面で をタップして＜App Store＞アプリを起動します。

② 「自分だけの文字盤を作ろう」からアプリを選んでインストールします。

③ ホーム画面に、インストールしたアプリのアイコンが追加されます。P.58を参考にして、文字盤にコンプリケーションを設定します。

MEMO 文字盤の提供

2020年10月時点では、アプリをコンプリケーションに設定することはできますが、文字盤自体の販売は行われていません。

アラームを利用する

Apple Watchに搭載されている<アラーム>アプリを使うと、指定した時刻にApple Watchの音を鳴らしたり、振動させたりすることができます。

アラームをセットする

① ホーム画面でをタップして<アラーム>アプリを起動します。

② <アラームを追加>をタップします。

③ <時間>または<分>をタップし、デジタルクラウンを上下に回して調整したら、<設定>をタップします。

④ 設定したアラームのをタップすると、オフにできます。

5 手順④の画面で、設定したアラームをタップします。

6 くり返しやスヌーズの設定が行えます。ここでは<繰り返し>をタップします。

7 くり返しの種類を選択できます。

8 手順⑥の画面で、<ラベル>をタップします。音声入力すると、名前を付けることができます。

9 アラームを解除する場合は、手順⑥の画面を上方向にスワイプして<削除>をタップします。

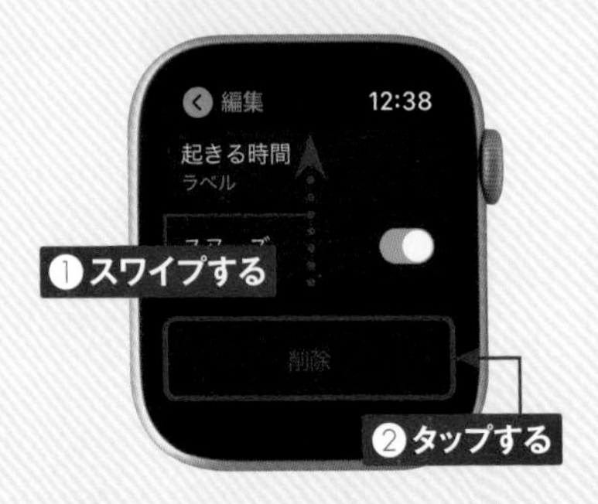

MEMO チャイムを設定する

⚙→<アクセシビリティ>→<チャイム>の順にタップし、○をタップして○にすると、チャイムがオンになり、正時ごとにサウンドを鳴らすことができます。サウンドを鳴らす時間だけでなく、サウンドの種類も変更できます。

ストップウォッチを利用する

Apple Watchには、最長で11時間55分までの時間を計測できるストップウォッチ機能が搭載されています。ラップタイムを記録し、結果をリストやグラフで表示することもできます。

ストップウォッチを利用する

1 ホーム画面で をタップし、<ストップウォッチ>アプリを起動します。

2 をタップすると、計測が始まります。ほかの画面に切り替えても、計測は続行されます。

3 をタップします。

4 ラップまたはスプリットが記録されます。

5 手順④の画面でをタップすると、計測が停止します。

6 手順⑤の画面で左下のをタップすると、時間がリセットされます。

7 画面をタップします。

8 表示形式が「グラフ」に変わります。再度画面をタップします。

9 表示形式が「ハイブリッド」に変わります。再度画面をタップします。

10 表示形式が「デジタル」に変わります。

Apple Payを利用する

Apple Payのしくみとできること

Apple Payは、アップルが提供するキャッシュレス決済サービスです。iPhoneやApple Watchに、クレジットカード、SuicaやPASMOを登録すると、買い物や交通機関を利用するときに便利です。

Apple Payとは

Apple Watchで、キャッシュレス決済サービスであるApple Payを利用できます。<Wallet>アプリに、クレジットカード、デビットカード、プリペイドカードなどを登録して、電子マネーとしてキャッシュレス決済に使うことができます。

SuicaやPASMOは、交通系ICカードのサービスをApple Payに組み込んだ日本独自のものです。対応した鉄道やバスの運賃の支払い、定期券として利用できるほか、電子マネーとして対応店舗での買い物に利用することができます。

また、Suicaはグリーン券の購入やJREポイントの利用、PASMOはICバス定期券の購入やバス特ポイントの利用などもできます。ただし、新規定期券の発行やオートチャージ機能など、一部の機能の利用には<Suica>アプリや<PASMO>アプリで会員登録が必要です。

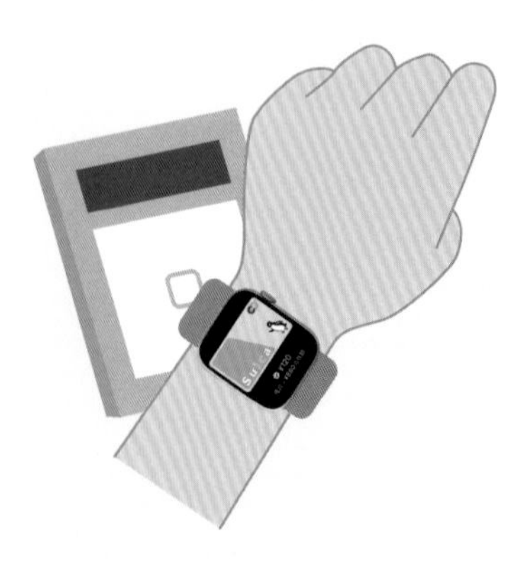

SuicaやPASMOを登録すると、リーダーにかざすだけで買い物をしたり電車の改札を通過したりできます(Sec.22～25参照)。

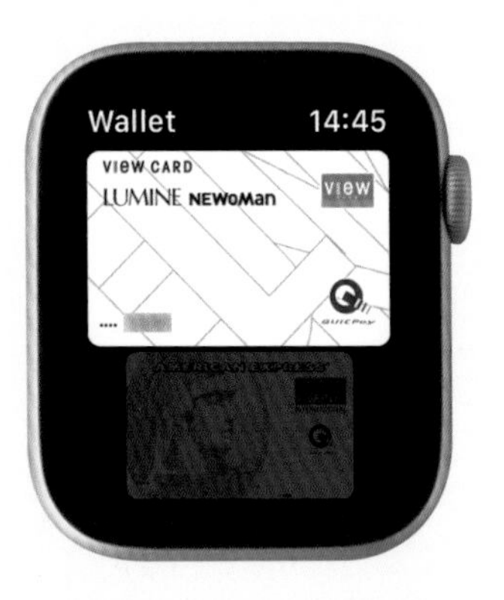

<Wallet>アプリに、最大12枚までのクレジットカード、Suica、PASMO、パスなどを追加できます(Sec.21参照)。

Apple Payに対応しているデバイス

Apple Payは大きく分けると、実店舗での支払い、交通機関での利用、アプリ内の課金決済、Webサイトでのショッピング決済の4つの利用方法があります。
最新のiPhoneやApple Watchのほか、iPad、MacなどもApple Payに対応しています。デバイスによって対応が異なるので確認しておきましょう。
Apple Payを活用するには、Apple Watch Series6/5/4/3/2とSE、iPhone 12/11 Pro/11/XS/XS Max/XR/X/8/8 Plus/7/7 Plusの組み合わせがおすすめです。

デバイス	交通機関	実店舗	アプリ内	Webサイト
日本国内で販売された iPhone 12、iPhone 11 Pro、iPhone 11、iPhone XS、iPhone XS Max、iPhone XR、iPhone X、iPhone 8、iPhone 8 Plus、iPhone 7、iPhone 7 Plus	○	○	○	○
iPhone 6s、iPhone 6s Plus、iPhone 6、iPhone 6 Plus、iPhone SE	−	−	○	○
日本国内で販売され、iPhone 5以降とペアリングした Apple Watch Series6、SE、Apple Watch Series5、Apple Watch Series4、Apple Watch Series3、Apple Watch Series2	○	○	○	−
iPhone 5以降とペアリングした Apple Watch Series1と Apple Watch（第1世代）	−	−	○	−

Apple Payの安全性

Apple Payで支払いをする際、Apple Payに登録しているクレジットカード情報が支払先に伝わることはありません。また、Apple Payを設定したApple WatchやiPhoneをなくしたときは、「iPhoneを探す」を使用してデバイスを紛失モードにすると、Apple Payを一時的に使用停止にすることができます。その後、Webブラウザで「https://www.icloud.com/」にアクセスしてiCloudにサインインし、カード情報をリモートで削除することも可能です。

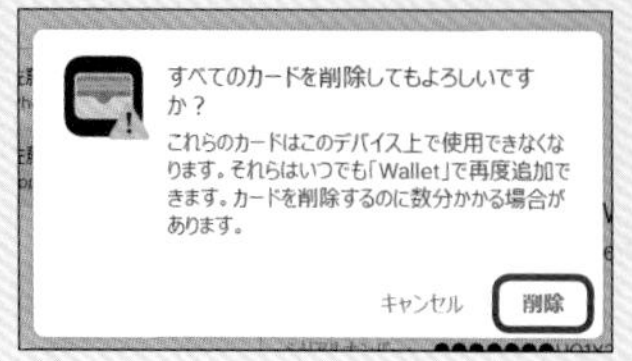

実店舗でキャッシュレス払いを使用する（Sec.21）

<Wallet >アプリは、対応したクレジットカードを登録することで、電子マネー（QUICPayまたはiD）でキャッシュレスで支払うことができます。
Apple Watchでキャッシュレス払いをするには、Apple Watchのサイドボタンを2回押し、ディスプレイを店舗のリーダーにかざします。支払いの完了は、Apple Watchの振動と音で確認できます。日本国内の店舗での買い物に対応しているのは、Apple Watch Series6/5/4/3/2かSEです。

<Wallet>アプリを起動して支払いに使用したいカードを表示し、サイドボタンをダブルクリックします。

「リーダーにかざす」画面が表示されたら、Apple Watchを店舗のリーダーにかざして支払います。

MEMO パスコードをオフにするときは注意が必要

Apple PayをApple Watchで使用する場合は、パスコードを設定する必要があります（Sec.79参照）。パスコードをオフにすると、Apple Watchからクレジットカードの情報が削除されます。また、SuicaやPASMOの残高が失われる可能性があります。Apple WatchでApple Payを利用する場合は、あらかじめパスコードを設定し、オフにするときは各種カード情報が削除されても問題ないかどうかを確認するようにしましょう。

SuicaやPASMOを利用する（Sec.22 ～ 25）

SuicaやPASMOは、乗り越し精算、クレジットカードからのチャージに対応しています。プラスチックのSuicaカードやPASMOカードと同様に、ICマークのある交通機関や実店舗でキャッシュレス払いに利用できます。

●SuicaやPASMOで入札する

SuicaやPASMOで交通機関の改札を通る場合は、リーダーにApple Watchをかざすだけで、エクスプレスカード（P.89参照）に設定したSuicaやPASMOを利用することができます。**画面側だけでなく、ベルト側をかざしても**通り抜けることができます。入札後、Apple Watchを腕から外した場合は、出札時にパスコードの入力が必要です。

●SuicaやPASMOで支払う

実店舗でSuicaやPASMOを電子マネーとして利用する場合は、リーダーにApple Watchをかざすだけで、エクスプレスカード（P.89参照）に設定したSuicaやPASMOでキャッシュレス払いができます。**画面側だけでなく、ベルト側をかざしても**支払いができます。

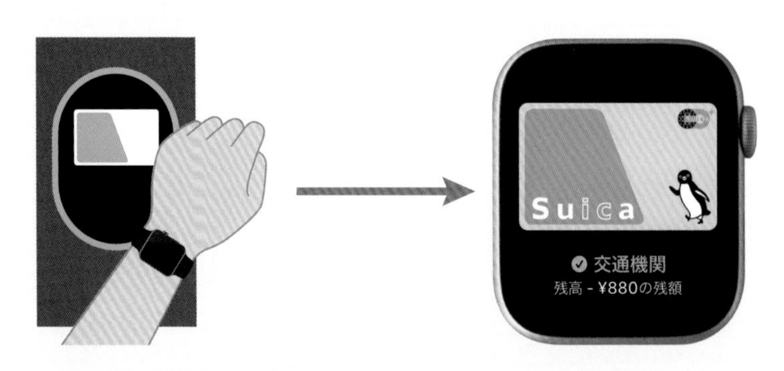

SuicaやPASMOはiPhone、Apple Watchのどちらかでしか使えない

Apple Payに登録したSuicaやPASMOは、ペアリングしたiPhoneとApple Watch間で移行することができます（P.88参照）。しかし、1つのSuicaやPASMOはどちらか一方でしか利用することができません。iPhoneとApple Watchの両方で使いたい場合は、それぞれに別のSuicaやPASMOを登録する必要があります。

3

Apple Payで クレジットカードを利用する

Apple Payにクレジットカードを登録すると、電子マネーとして実店舗やWebでのキャッシュレス決済に利用できます。iPhoneやApple Watchでの登録や管理は、それぞれの＜Wallet＞アプリで行います。

クレジットカードをWalletで管理する

Apple Payにクレジットカードを登録すると、実店舗での支払い、Apple Payに登録したSuicaやPASMOへのチャージ、アプリやショッピングサイトでのキャッシュレス決済ができるようになります。決済時には、Touch IDやFace ID、パスコードによる認証が必要になるため、不正利用を防止することができます。また、クレジットカードの情報は端末内で暗号化され、店舗などに残ることはないので、安心して利用できます。
登録したクレジットカードは、＜Wallet＞アプリで一元管理することができます。複数のクレジットカードを登録できるので、用途に合わせて切り替えることも可能です。
なお、クレジットカードをiPhoneとApple Watchの両方で使うには、それぞれに登録する必要があります。また、Apple Payに登録後もプラスチックのクレジットカードは引き続き利用することができます。

iPhoneのホーム画面で＜Wallet＞をタップすると、＜Wallet＞アプリが起動します。＜Wallet＞アプリでは、クレジットカードを追加して管理することができます。

iPhoneの＜Watch＞アプリで追加したカードやパスは、Apple Watchの＜Wallet＞アプリで確認したり、削除したりすることができます。

登録できるカードの種類

主要なカード発行会社や銀行から発行されているほとんどのクレジットカードは、<Wallet>アプリに登録できます。
Apple Payに対応しているカードは、Apple Payに追加することで、QUICPayまたはiDの電子マネーとして使用できます。Appleの公式サイト（https://support.apple.com/ja-jp/HT206638）で、Apple Payに対応しているカードの種類についての最新情報を確認できます。
カードに使いたい分だけを入金して利用する「プリペイドカード」も、<Wallet>アプリに登録して利用できます。後払いとなるクレジットカードとは異なり、カードに入金されている金額しか使うことができないため、キャパシティ以上に使いすぎる心配がありません。<Wallet>アプリに登録できる代表的なプリペイドカードには、「au WALLET プリペイドカード」や「ソフトバンクカード」、「dカード プリペイド」などがあります。

主なクレジットカード	JCBカード、イオンカード、楽天カード（AMEXブランドは登録不可）、KDDI（auWALLETクレジットカード、プリペイドも）、クレディセゾン、ソフトバンクカード、オリコカード、セゾンカード、TSカード、dカード（dカードプリペイド含む）、ビューカード、三井住友カード、NICOSカード、MUFGカード(VISA、Mastercard)、DCカード（JAL・Visaカードなど）、ANAカード（VISA、Mastercard、JCB、アメリカン・エキスプレス・カード）、JALカード（VISA、Mastercard、JCBなど）、エポスカード、アメリカン・エキスプレス・カード、ポケットカード（P-Oneカードなど）、アプラス発行カード（新生アプラスカード）、ジャックスカード（REXカードや漢方スタイルクラブカード）、ライフカード、セディナ発行カード（セディナカードやOMCカードなど）、Yahoo!JAPANカード、UCSカード、J-WESTカード、JAカード（NICOSブランド）、りそなカードなど
電子マネー	Suica、PASMO、iD、QUICPayが使える場所で使える。 楽天Edy、nanaco、WAONなどは現状だと未対応。
プリペイドカード	au WALLET プリペイドカード、ソフトバンクカード、dカード プリペイドなど
NFC決済	Mastercard Contactless、American Express Contactless、JCB Contactless
デビッドカード	Smart Debit（みずほ銀行）、三菱UFJ-JCBデビット
登録枚数	最大12枚
ポイントサービス	登録したクレジットカードのポイントが貯まる。iD、QUICPayで支払った場合も、各クレジットカードのポイントレートに準じて貯まる。
対応アプリ	UNIQLOアプリ、JapanTaxi、giftee、出前館、TOHOシネマズ、じゃらん、Suica、PASMO、ジーユー、minne、Yahoo !ショッピング、Seel、BASE、Uber Eats、スターバックスなど

Walletにクレジットカードを登録する

iPhoneの＜Watch＞アプリにクレジットカードを登録することで、Apple WatchでApple Payを利用できるようになります。登録したカードは、Apple Watchの＜Wallet＞アプリにも自動的に登録されます。

1 iPhoneのホーム画面で＜Watch＞をタップします。

2 ＜マイウォッチ＞→＜WalletとApple Pay＞の順にタップします。

3 ＜カードを追加＞をタップします。「iCloudにサインイン」画面が表示された場合は、パスワードを入力して＜OK＞をタップします。

4 ＜続ける＞をタップします。

5 <クレジットカード等>をタップします。

6 iPhoneのファインダーに登録したいカードを写したら、「カード詳細」画面で「名前」の欄をタップしてカードの名義を入力し、<次へ>をタップします。次の画面でセキュリティコードを入力して<次へ>をタップします。

7 「利用規約」画面が表示されたら内容を確認し、問題なければ<同意する>をタップします。

8 カードが登録されます。<次へ>をタップします。

9 「カード認証」画面が表示されたら、画面の指示に従って認証を行います。

3

Walletに登録されているクレジットカードを確認する

① ホーム画面で をタップして <Wallet>アプリを起動します。

② <Wallet>アプリに登録しているカード一覧が表示されます。確認したいカードをタップします。

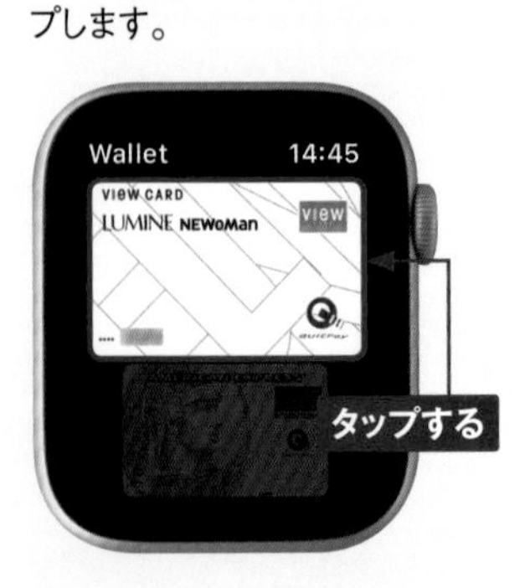

③ カードが表示されます。<閉じる>をタップします。

④ カード一覧に戻ります。

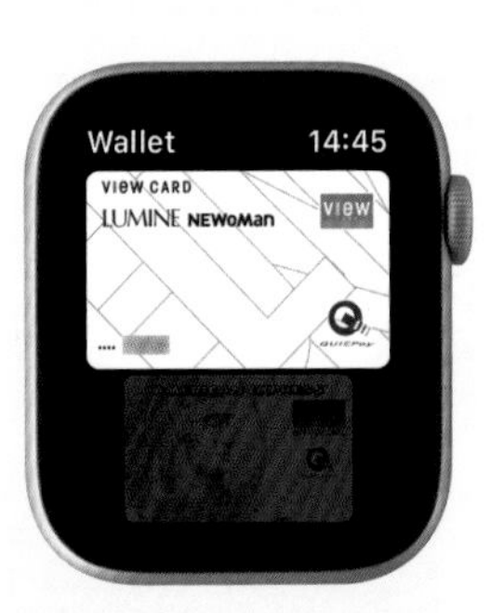

MEMO
メインカードを設定する

よく利用するクレジットカードをメインカードに設定すると、<Wallet >アプリでいちばん手前に表示されてすぐに使うことができます。iPhoneで<Watch >アプリを起動し、<マイウォッチ>→<WalletとApple Pay >→<メインカード>の順にタップして、設定したいカードをタップします。

Apple Payに登録したクレジットカードでキャッシュレス払いする

1 Apple Watchのサイドボタンをダブルクリックします（Apple Watchを腕から外している場合はパスコードの入力が必要）。

2 メインカードが表示されます。メインカードで支払う場合は、手順④に進んでください。

3 ほかのカードで支払う場合は、画面を上下にスワイプし、支払うカードを選びます。

4 「リーダーにかざす」と表示されたら、店舗のリーダーにかざして支払います。

<Wallet >アプリから支払う

Apple Watchの<Wallet >アプリを開いてカードを選択し、実店舗で支払う方法もあります。P.80手順③の画面でサイドボタンをダブルクリックすると、「リーダーにかざす」と表示されるので、リーダーにかざして支払いましょう。

Apple WatchにSuicaやPASMOを設定する

Apple WatchにSuicaやPASMOを登録するには、iPhone 7/7 Plus以降のiPhoneが必要です。手持ちのSuicaやPASMOカードを引き継げるほか、＜Watch＞アプリから新規に発行することも可能です。

プラスチックのSuicaカードを引き継ぐ

1 iPhoneのホーム画面で＜Watch＞をタップします。

2 ＜マイウォッチ＞→＜WalletとApple Pay＞の順にタップします。

3 ＜カードを追加＞をタップします。「Apple Watchのロックを解除」が表示された場合は＜OK＞をタップしてApple Watchのロックを解除します。Apple Watchにロックを設定していない場合は画面に従って設定します。

4 ＜続ける＞→＜Suica＞の順にタップします。

5 ＜お手持ちの交通系ICカードを追加＞をタップし、Suicaカード背面の右下に表示されている数字の下4桁を入力します。任意で生年月日を入力し、＜次へ＞をタップします。利用規約が表示されたら内容を確認し、問題なければ＜同意する＞をタップします。

6 金属以外の平らな面にSuicaカードを置き、iPhoneの上部を重ねて置きます。

7 「カードの追加」画面が表示されたら＜次へ＞をタップします。

8 ＜完了＞をタップします。

9 Apple Watchに通知が届き、＜Wallet＞アプリにSuicaが表示されます。

プラスチックのPASMOカードを引き継ぐ

① iPhoneのホーム画面で＜Watch＞をタップします。

② ＜マイウォッチ＞→＜WalletとApple Pay＞の順にタップします。

③ ＜カードを追加＞をタップします。「Apple Watchのロックを解除」が表示された場合は＜OK＞をタップしてApple Watchのロックを解除します。Apple Watchにロックを設定していない場合は画面に従って設定します。

④ ＜続ける＞→＜PASMO＞の順にタップします。

3

5 ＜お手持ちの交通系ICカードを追加＞をタップし、PASMOカード背面の右下に表示されている数字の下4桁を入力します。任意で生年月日を入力し、＜次へ＞をタップします。 利用規約が表示されたら内容を確認し、問題なければ＜同意する＞をタップします。

6 金属以外の平らな面にPASMOカードを置き、iPhoneの上部を重ねて置きます。

7 「カードが追加されました」と表示されたら、＜完了＞をタップします。

8 PASMOが追加されます。

9 Apple Watchに通知が届き、＜Wallet＞アプリにPASMOが表示されます。

<Watch >アプリからSuicaやPASMOを発行する

<Watch >アプリから新しくSuicaやPASMOを発行することができます。なお、Suicaを利用するには、iPhone 7以降またはApple Watch Series2以降が、PASMOを利用するにはiOS14を搭載したiPhone 8以降またはwatchOS7を搭載したApple Watch Series3以降が必要です。<Watch >アプリでは複数の交通系ICカードを管理できるので、仕事ではSuicaを、プライベートではPASMOをといったように使い分けできるのも特徴です。普段よく使うカードをエクスプレスカードに設定しておけば（P.89参照）、そのつど切り替える手間もかかりません。

1 iPhoneで<Watch>→<マイウォッチ >→<WalletとApple Pay>の順にタップします。

2 <カードを追加>をタップします。「Apple Watchのロックを解除」が表示された場合は<OK>をタップしてApple Watchのロックを解除します。Apple Watchにロックを設定していない場合は画面に従って設定します。

3 <続ける>→<Suica>（または<PASMO>）の順にタップします。

4 入金したい金額を入力し、<追加>をタップします。

⑤ 「利用規約」画面が表示されたら内容を確認し、＜同意する＞をタップします。

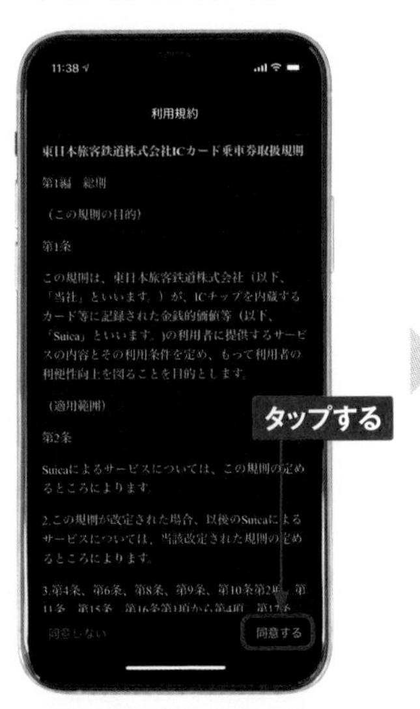

⑥ サイドボタンをダブルクリックすると、Suica（またはPASMO）が発行されます。

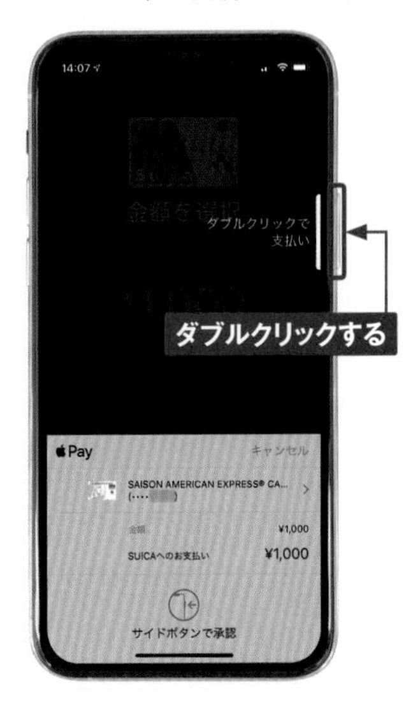

<Suica >アプリや<PASMO >アプリから発行する

<Suica >アプリからSuicaを発行したいときは、あらかじめiPhoneに<Suica >アプリをインストールしておきましょう。⊕をタップし、作成したいSuicaの種類の<発行手続き>をタップしたら、画面の指示に従って発行手続きを行います。
<PASMO >アプリからPASMOを発行したいときは、<PASMO >アプリをインストールしたうえで、<はじめる>→<新しくPASMOを作る>の順にタップします。

Apple WatchへSuicaやPASMOを移行する

iPhoneに登録したSuicaやPASMOをApple Watchに移行することができます。移行するには、iPhoneの<Watch>アプリを使用します。

1 iPhoneで<Watch>アプリを起動し、<マイウォッチ>→<WalletとApple Pay>の順にタップします。転送したいカードの横にある「追加」をタップします。

2 「Apple Watchのロックを解除」画面が表示されたら、Apple Watchでロックを解除して<OK>をタップし、「カードを転送」画面で<次へ>をタップします。転送が完了したら<完了>をタップします。

iPhoneへSuicaやPASMOを移行する

Apple Watchに登録したSuicaやPASMOをiPhoneに移行することができます。なお、SuicaやPASMOをApple Watchから移行できるのは、日本で購入したiPhone 12/11 Pro/11/XS/XS Max/XR/X/8/8 Plus/7/7 Plusのみです。

1 iPhoneで<Watch>アプリを起動し、<マイウォッチ>→<WalletとApple Pay>の順にタップします。転送したいSuicaやPASMOをタップし、<"○○のiPhone"にカードを追加>をタップします。

2 <次へ>をタップすると、SuicaやPASMOがiPhoneへ転送されます。

エクスプレスカードを変更する

エクスプレスカードの設定を行うと、Apple Watchのサイドボタンを2回押す動作をせずに、かざすだけでSuicaやPASMOを利用できるようになります。設定を変更しない場合は、初回に登録したSuicaやPASMOがエクスプレスカードになります。

1 iPhoneのホーム画面で＜Watch＞をタップします。

2 ＜マイウォッチ＞→＜WalletとApple Pay＞の順にタップします。

3 ＜エクスプレスカード＞をタップします。

4 エクスプレスカードに設定したいカードの をタップしてオンにします。エクスプレスカードを設定したくない場合は＜なし＞をタップします。

3

SuicaやPASMOを管理する

Apple Watchでは、複数のSuicaやPASMOを登録したり、管理したりすることができます。ビジネスとプライベートで使い分けたい場合などでも、かんたんに切り替えて利用できるので便利です。

SuicaやPASMOを確認する

iPhoneの＜Watch＞アプリを利用すると、最新の利用履歴や移動履歴を表示したり、Apple WatchからSuicaやPASMOを削除したり、定期券を持っている場合は定期券区間を表示したりすることができます。

＜Wallet＞アプリを開くと、直近の利用明細が確認できます。利用履歴をタップすると、詳細な情報が表示されます。

＜Wallet＞アプリ内のPASMOの表示例です。残高の確認やチャージ、エクスプレスカードの設定などが行えます。

SuicaやPASMOの残高を表示する

① ホーム画面で をタップして、＜Wallet＞アプリを起動します。

② Suica（またはPASMO）をタップすると、残高が表示されます。

SuicaやPASMOにチャージする

Apple WatchからSuicaやPASMOにチャージするためには、Apple Watchの<Wallet>アプリに有効なクレジットカード（またはプリペイドカード）が登録されている必要があります（P.78参照）。

① 上の手順②の画面で、＜カード残高＞をタップします。

② ＜チャージ＞をタップし、画面の表示に従って操作します。

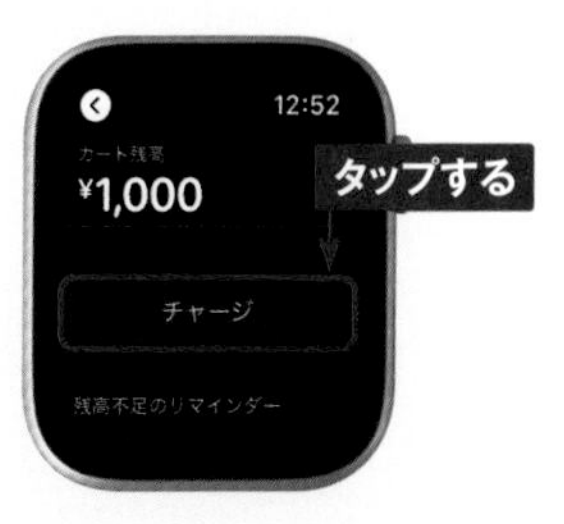

SuicaやPASMOのチャージ方法

iPhone、Apple WatchのSuicaやPASMOは次の方法でチャージできます。
- Apple Pay、SuicaやPASMOアプリに登録済みのクレジットカードから
- SuicaやPASMO支払い対応店舗の店頭
- モバイルSuicaやPASMO対応券売機
- コンビニなどのモバイルSuicaやPASMO対応端末
- バス窓口や車内

3

Apple WatchからSuicaやPASMOを削除する

1 <Wallet>アプリを起動し、Suica（またはPASMO）をタップします。

2 デジタルクラウンを上方向に回して、<削除>をタップします。

3 確認画面が表示されたら、再度<カードを削除>をタップします。

4 カードが削除されました。

MEMO 削除したSuicaやPASMOを再び追加する

Apple Watchで削除したSuicaやPASMOを再び利用したい場合は、iPhoneの<Watch>アプリでSuicaやPASMOカードを追加します。P.82手順③の画面で<カードを追加>→<続ける>→<Suica>（または<PASMO>）の順にタップすると、「カードを追加」画面が表示されるので、<次へ>をタップします。あとは、P.83を参考に、画面の指示に従って操作します。

iPhoneの Suicaアプリを使う

iPhoneの<Suica >アプリを使用すると、Suicaの新規発行や定期券の購入などをアプリ上で行うことができます。会員登録すると、より便利に利用することができます。

<Suica>アプリを使う

iPhoneの<Suica >アプリで会員登録し、会員情報にクレジットカード（またはデビットカードやプリペイドカード）を紐付けると、次の機能が利用できます。

- オートチャージ（エリア内で利用時のみ。ビューカードのみ対応）
- JREポイントサービスの利用
- グリーン券の購入（Apple Pay登録のカードでも可能）
- 東海道・山陽新幹線の「EX-ICカード」としての利用（指定のクレジットカードの利用が必要）
- 新規定期券の購入（Apple Pay登録のカードでも可能）
  ※Suica／PASMO事業者との連絡定期券にも対応

また、「EASYモバイルSuica」を使うと、クレジットカードを登録しなくてもモバイルSuicaを始めることができます。電子マネーの機能しかありませんが、気軽に使ってみたいときに便利です。

グリーン券の購入も、券売機に並ぶことなく、<Suica >アプリでかんたんに購入できます。

定期券を購入したり、JR東海のEX-ICを予約したりすることができます。

iPhoneの PASMOアプリを使う

iPhoneの<PASMO >アプリを使うと、PASMOの新規発行や定期券の購入、チャージなどをアプリ上で行うことができます。会員登録するとより便利に利用することができます。

<PASMO >アプリを使う

iPhoneの<PASMO >アプリで会員登録し、会員情報にクレジットカード（またはデビットカードやプリペイドカード）を紐付けると、次の機能が利用できます。

・オートチャージ（エリア内で利用時のみ）
・ICバス定期券の購入
・「バス特」サービス特典チケットの確認（会員登録は不要）
・新規定期券の購入（Apple Pay登録のカードでも可能）
※Suica ／ PASMO事業者との連絡定期券にも対応

PASMO定期券の発行条件や利用可能区間の条件は、PASMO事業者ごとに異なります。事前にWebサイトで調べるか、各事業者に問い合わせてください。

鉄道定期券のほか、対応した事業者であれば、バスの定期券も購入することができます。

PASMOの電子マネーを利用して一定回数バスに乗ると、自動的にバスポイントが貯まり、次の乗車時に値引きされる「バス特」を利用できます。

コミュニケーション機能を利用する

Apple Watchの コミュニケーション機能

Apple Watchでは、ペアリングしたiPhoneの<メッセージ>や<メール>、<電話>、<トランシーバー>アプリが使用できます。Apple Watch単体で利用できる機能もあります。

Apple Watchで利用できるコミュニケーション機能

Apple Watchは、初期状態で<メッセージ>、<メール>、<電話>、<トランシーバー>などのコミュニケーション機能を持ったアプリが利用できます。ペアリングしたiPhoneが近くにあれば、iPhoneと同じ電話番号やメールアドレスを使用できます。メッセージを受信したときにiPhoneがロックされていると、Apple Watchに通知が届きます。
Apple WatchがWi-Fiまたはモバイル通信と接続していれば、iPhoneと離れていたり、iPhoneの電源が切れたりしている状態でも上記すべての機能を利用できます。

●メッセージ

Apple Watchの<メッセージ>アプリは、iPhoneと同期してメッセージの送信や受信ができます（Sec.28～29参照）。メッセージはデフォルトの返信、絵文字、音声で作成できます。

●メール

Apple Watchの<メール>アプリは、メールの送信や受信ができます（Sec.30～35参照）。

●電話

ペアリングしたiPhoneと同じ電話番号を利用することができます。GPS+Cellularモデルであれば、iPhoneが近くになくても、Apple Watchだけで発信や着信が可能です（Sec.36～39参照）。Apple Watchにかかってきた電話はiPhoneに切り替えることも可能です（Sec.37参照）。また、iPhoneで<FaceTime>アプリが有効になっている場合、相手がiPhoneやiPadなどのFaceTimeに対応した機種であれば、FaceTimeで音声通話も可能です。

●トランシーバー

<トランシーバー>アプリを利用することができます（Sec.41参照）。通常の音声通話よりも通信速度が速く、iPhoneに連絡先を登録しておくだけで、ワンタップでApple Watchどうしで通話できます。買い物で手がふさがっているときや、iPhoneから離れているときにも活用できるので便利です。なお、利用にはiPhoneの<FaceTime>アプリを有効にしておく必要があります。

連絡先を表示する

Apple Watchでは、iPhoneに登録した連絡先を表示し、電話をかけたり、メッセージを送ったりできます。新たにiPhoneに登録した連絡先の情報は、自動的にApple Watchに反映されます。

連絡先を表示する

① ホーム画面で をタップして＜電話＞アプリを起動します。

② ＜連絡先＞をタップします。

③ iPhoneに登録されている連絡先が表示されます。

④ デジタルクラウンを2回押すと文字盤に戻ります。

iPhoneで連絡先を追加する

① iPhoneのホーム画面で📞をタップして<電話>アプリを起動します。

② <連絡先>をタップし、+をタップします。

③ 名前や電話番号など、登録したい情報を入力し、<完了>をタップします。

④ P.98手順③の画面を表示すると、iPhoneに新規登録した連絡先が表示されます。

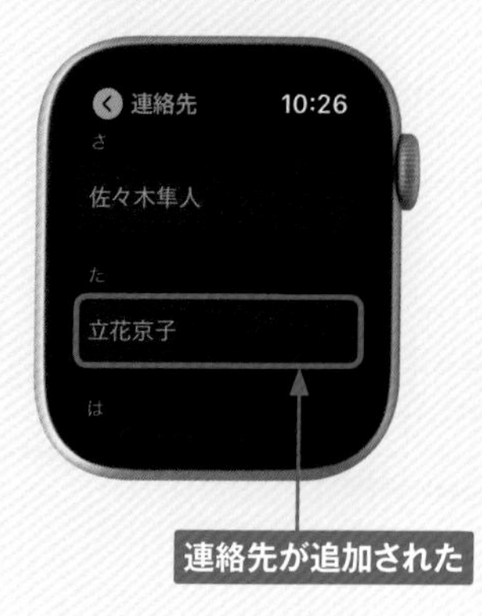

メッセージを送る

Apple Watchでは、メッセージを送信するとき、送信方法をデフォルトの返信、絵文字、音声から選べます。ここでは、あらかじめ決められているデフォルトの返信を送信する方法を紹介します。

メッセージを送信する

1 ホーム画面で◯をタップして＜メッセージ＞アプリを起動します。

2 ＜新規メッセージ＞をタップします。

3 ＜連絡先を追加＞をタップします。

4 ◯をタップします。下に表示されている最近のチャットリストの連絡先をタップした場合は、手順6の画面に進みます。

5 メッセージを送信したい相手の連絡先をタップし、電話番号をタップします。

6 連絡先が追加されました。<メッセージを作成>をタップします。

7 ここでは、「候補」から<こんにちは。>をタップします。

8 <送信>をタップすると、メッセージを送信できます。

4

MEMO スケッチを送る

手順⑦の画面で をタップすると、指で描いたスケッチをApple WatchやiPhoneにメッセージとして送ることができます。なお、画面右上の をタップすると、スケッチの色を変更できます。

メッセージを読む

Apple Watchでは、iPhoneに届いたメッセージを確認することができます。メッセージを読むには、受信した直後に通知から読む方法、アプリから読む方法、通知センターから読む方法があります。

メッセージを読む

1 ホーム画面で をタップして <メッセージ>アプリを起動します。

2 メッセージをタップします。

3 メッセージの詳細が表示されます。

4 デジタルクラウンを2回押すと文字盤に戻ります。

●受信した直後にメッセージを読む

1 メッセージを受信すると、画面中央にアイコンが表示されます。

2 画面が切り替わり、メッセージが表示されます。

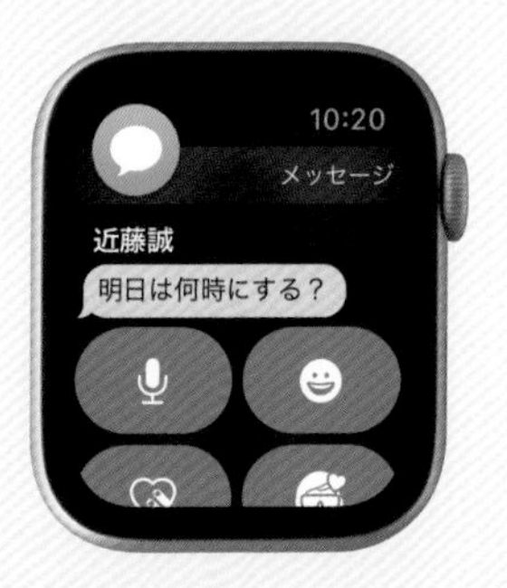

MEMO 通知のプライバシーをオンにする

iPhoneで <Watch> → <通知>の順にタップし、<通知のプライバシー>をタップしてオンにすると、メッセージを受信してもタップしなければ画面が切り替わらなくなります。

●未読のメッセージを読む

1 文字盤で画面を下方向にスワイプします。

2 未読のメッセージがある場合は、通知センターに表示されます。

3 メッセージをタップすると、メッセージの詳細が表示されます。

Section 30 Mail

メールボックスを設定する

Apple Watchの<メール>アプリを利用すると、iPhoneで受信したメールをApple Watchでも確認することができます。Apple Watchで表示するメールボックスは、iPhoneから設定します。

Apple Watchに表示するメールボックスを選択する

1 iPhoneのホーム画面で<Watch>をタップします。

2 <マイウォッチ>→<メール>の順にタップします。

3 <メールを含める>をタップします。

4 Apple Watchで確認したいメールボックスをタップして選択します。なお、メールボックスは1つ以上選択する必要があります。

メールを送る

Apple Watchからメールを送信できます。新規作成メールは、iPhoneのデフォルトアカウントから送信されます。返信は、デフォルトで設定されている文面か音声入力で行うことができます。

メールを作成する

1 ホーム画面で をタップして<メール>アプリを起動します。

2 <新規メッセージ>をタップします。

3 <連絡先を追加>をタップし、連絡先をタップして選択するか、音声入力します。

4 件名、メッセージもデフォルトの返信や音声などで入力し、<送信>をタップします。

メールを読む

Apple Watchの<メール>アプリを使うと、iPhoneに届いたメールをApple Watch上で読むことができます。Sec.30で設定したメールボックスを選択してメールを確認できます。

メールを読む

① ホーム画面で をタップして<メール>アプリを起動します。

② 確認したいメールボックスをタップします。

③ デジタルクラウンを上下に回して画面をスクロールし、読みたいメールをタップします。

④ メールの詳細が表示されます。 をタップすると、手順③の画面に戻ります。

メールに返信する

<メール>アプリからは、デフォルトの返信、絵文字、音声入力を利用して、かんたんに返信できます。返信に使用されるメールアドレスは、メールを受信したときのメールアドレスです。

メールに返信する

1 P.106手順④の画面で<返信>をタップします。

2 デフォルトの返信、絵文字、音声入力を選ぶことができます。ここでは🎤をタップします。

3 音声で入力し、<完了>をタップします。

4 <送信>をタップします。

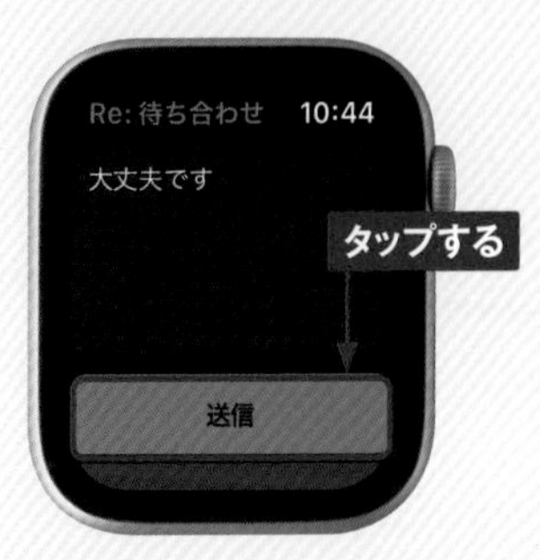

4

メールを削除する

受信したメールの削除も、Apple Watchから行うことができます。メールを削除するには、メールリストから選ぶ方法と、通知センターから削除する方法の2つがあります。

メールリストから選んで削除する

1 ホーム画面で✉をタップして<メール>アプリを起動します。

2 削除したいメールをタップして本文を表示し、画面を上方向にスワイプします。

3 <ゴミ箱に入れる>（または<メッセージをアーカイブ>）をタップします。

MEMO ゴミ箱が表示されない

手順3の画面では、メールサービスや設定によって表示が異なります。<ゴミ箱>に移動したメールは、一定時間で自動的に消去されますが、<アーカイブ>に移動したメールは消去されることなく、「すべてのメール」フォルダに保存されます。

通知センターから削除する

1 文字盤で画面を下方向にスワイプします。

2 未読のメールがある場合は、通知センターに表示されます。削除したいメールをタップします。

3 デジタルクラウンを上方向に回すか、画面を上方向にスワイプして、メールを本文のいちばん下までスクロールします。

4 ＜アーカイブ＞（または＜ゴミ箱＞）をタップします。

メールを未開封にする

一度開封したメールをあとから読み返したいときなどは、メールを未開封にすることができます。手順④の画面で＜未開封にする＞をタップすると、一度読んだメールを再び未開封にすることができます。

メール通知の設定を変更する

Apple Watchに届く通知はiPhoneからカスタマイズすることができます。ここでは、メールに関するApple Watchへの通知設定をカスタマイズする方法を解説します。

特定のアカウントだけ通知する

複数のメールアカウントを持っている場合、メール通知が多くなり、わずらわしい場合があります。よく使用するアカウントだけを通知するように設定しておくと便利です。

1 iPhoneのホーム画面で<Watch>をタップします。

2 <マイウォッチ>をタップします。

3 画面を上方向にスワイプし、<メール>をタップします。

4 ＜カスタム＞をタップし、＜通知を許可＞をタップして、設定を変更したいアカウント、またはスレッド（ここでは＜Gmail＞）をタップします。

5 「○○からの通知を表示」のをタップして、にします。

6 「サウンド」と「触覚」のやをタップして、通知の方法を選択します。

7 設定が完了したら、画面下部を上方向にスワイプしてiPhoneのホーム画面に戻ります。

重要なメールだけ通知する

<メール>アプリには「VIP」と呼ばれる機能が備わっており、重要なメールのアドレスを登録しておくことができます。VIPメールの通知をオンにしておくと、重要なメールだけがApple Watchに通知されるようになります。

1 iPhoneのホーム画面で、<メール>をタップします。

2 <メールボックス>→<VIP>の順にタップします。

3 <VIPを追加>をタップします。

4 VIPに登録したい連絡先をタップします。

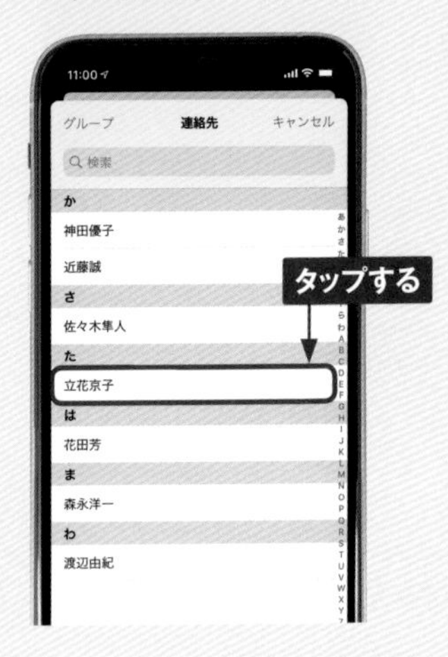

5 VIPに登録されます。

電話をかける

Apple Watchでは、ペアリングしたiPhoneの電話番号で、電話の発着信ができます。GPS+Cellularモデルであれば、iPhoneが近くになくても、Apple Watchだけで行えます。

電話をかける

1 ホーム画面で[電話アイコン]をタップして<電話>アプリを起動します。

2 <連絡先>をタップします。

3 画面をスワイプ、またはデジタルクラウンを回して、電話をかけたい相手をタップします。

4 [電話アイコン]をタップして、電話を発信します。複数の連絡先がある場合は次の画面で選択します。

●電話を受ける

① 電話がかかってくると、画面に「着信」と表示されます。📞をタップします。

② 相手に電話がつながり、通話が開始されます。

●メッセージで応答する

① 左側手順①の画面で、…をタップします。

② メッセージを選んで送信できます。

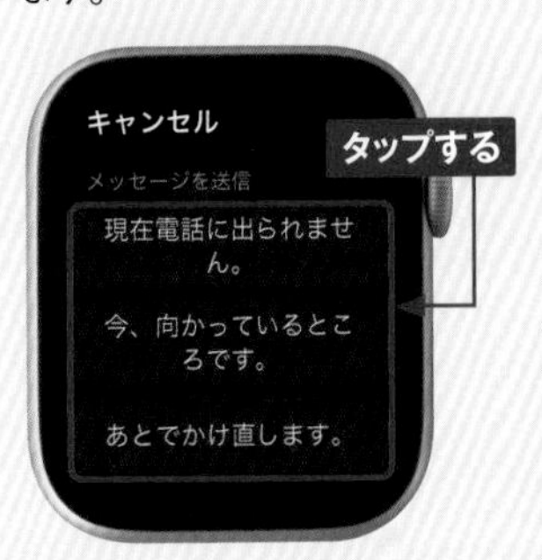

4

MEMO AirPods接続時に電話を受ける

AppleのBluetooth対応イヤホン「AirPods」とペアリングしているとき（Sec.68参照）に電話を受けると、手順①の画面に、AirPodsのアイコンが表示されます。タップすると、AirPodsのマイクを利用して通話ができます。なお、通話中にAirPodsをダブルタップして、電話を切ることができます。

通話をiPhoneに切り替える

Apple Watchで受けた電話は、iPhoneに転送することができます。Apple Watchで通話中に途中でiPhoneに切り替えることもできるので、思ったよりも話が長くなりそうな場合などに利用しましょう。

Apple Watchで受けた電話をiPhoneに転送する

1 電話の着信がきたら、…をタップします。

2 ＜iPhoneで応答＞をタップします。iPhoneの画面を確認します。

3 iPhoneの画面で、📞を右方向にスライドすると、電話に応答できます。

MEMO 画面を手で覆うと着信音を消せる

Apple Watchには、iPhoneのようにマナーモードのスイッチや音量ボタンがありませんが、着信中に画面を手で覆うようにすると、着信音を消すことができます。iPhoneにも反映されるので、マナーモードを切り忘れたときでも安心です。

留守番電話を確認する

すぐに電話に出られないときは、留守番電話を利用すると便利です。留守番電話に受け取ったメッセージは、Apple Watchで確認することができます。利用には留守番電話サービスの契約が必要です。

留守番電話を確認する

1 留守番電話を受け取ると、通知が届きます。文字盤で画面を下方向にスワイプします。

2 留守番電話の通知をタップします。

3 ▶をタップすると、留守番電話が再生されます。

4 画面を上方向にスワイプし、ーや＋をタップすると音量を変えることができます。

5 再生中に、⑤または⑤をタップすると、再生を5秒戻したり、進めたりできます。

6 ▶をタップすると再びメッセージを再生することができます。

7 手順③の画面で、🗑をタップします。

8 ホーム画面で📞→<留守番電話>の順にタップすると、メッセージが削除されていることを確認できます。

MEMO 発着信履歴を確認する

Apple Watchで発着信履歴を確認することができます。Apple Watchのホーム画面で📞→<履歴>の順にタップします。

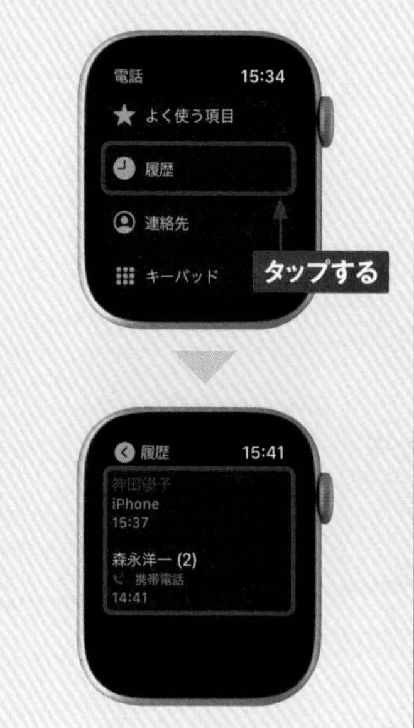

友達に電話をかける

「よく使う項目」に、電話番号が登録されている友達の連絡先を追加すると、すばやくその相手に電話をかけることができます。よく使う項目への連絡先の追加は、iPhoneで行います。

よく使う項目に連絡先を追加する

1 iPhoneのホーム画面で📞をタップして<電話>アプリを起動し、<連絡先>をタップします。

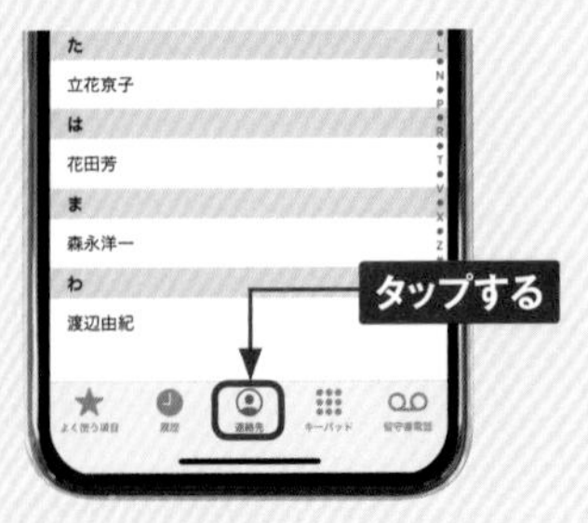

2 よく使う項目に追加したい連絡先をタップします。

3 <よく使う項目に追加>をタップします。

4 追加したい項目（ここでは<電話>）をタップします。

よく使う項目から電話をかける

1 ホーム画面で をタップして<電話>アプリを起動します。

2 <よく使う項目>をタップします。

3 電話をかけたい相手をタップします。

4 発信が始まります。

MEMO **通話中に音量を調節する**

通話中にデジタルクラウンを回すと音量を調節することができます。また、 をタップすると、自分の音声を相手に聞こえないようにすることができます。電話会議中など、こちらから話す必要がないときに利用しましょう。

4

着信音や振動を調節する

Apple Watchは、通知を手元で確認できるので便利ですが、着信音や振動が邪魔になるときもあるでしょう。<設定>アプリで着信音や振動をオフにしたり、小さくしたりしておきましょう。

着信音をオフにする

1 ホーム画面で⚙をタップして<設定>アプリを起動します。

2 画面を上方向にスワイプし、<サウンドと触覚>をタップします。

3 「消音モード」の⬤をタップして、⬤にします。

4 デジタルクラウンを2回押すと文字盤に戻ります。

着信音と通知音を調節する

1 P.120手順③の画面で、をタップすると音量を小さく、をタップすると音量を大きくすることができます。

2 一度かをタップしたあとにデジタルクラウンを回すことでも、音量を調節できます。

振動を調節する

1 P.120手順③の画面で、画面を上方向にスワイプします。

2 「触覚」の「触覚による通知」がであることを確認し、＜デフォルト＞または＜はっきり＞をタップして設定します。

4

トランシーバーを使用する

<トランシーバー>アプリを使うと、iPhoneに登録した連絡先と、Apple Watch同士の通話ができます。利用にはiPhoneの<Face Time>アプリが有効になっている必要があります。

トランシーバーを使用する

1 ホーム画面で■をタップして、<トランシーバー>アプリを起動します。

2 画面を上方向にスワイプし、会話したい友達をタップします。

3 会話したい相手をタップすると相手に参加依頼が届くので、受け入れてくれるまで待ちます。

4 <タッチして押さえたままで話します>を押したまま話しかけ、話し終わったら指を離します。

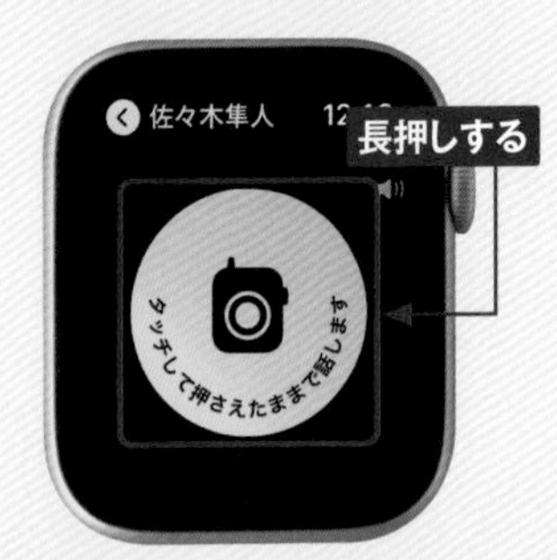

運動と健康を管理する

アクティビティアプリでできること

Apple Watchの＜アクティビティ＞アプリは、日々の活動を記録することができます。また、目標を設定し、その目標を達成すると、成果としてバッジを獲得することもできます。

アクティビティとは

Apple Watchの＜アクティビティ＞アプリでは、「ムーブ」（運動によるカロリー消費）、「エクササイズ」（早歩き以上の運動をした分数）、「スタンド」（椅子から立ち上がった回数）を記録し、それぞれの進捗を3色のリングでわかりやすく表示します。設定した目標の達成度によって、励ましの言葉などが表示されるので、目標達成に対する意欲向上に役立ちます。毎日3色のリングを完成させて、健康的な生活を目指しましょう。なお、長期間の記録はiPhoneの＜フィットネス＞アプリに保存されます。

＜アクティビティ＞アプリでは、「ムーブ」「エクササイズ」「スタンド」の3項目を計測できます。リングの外側から赤は「ムーブ」、緑は「エクササイズ」、青は「スタンド」（車椅子の場合は「ロール」）の達成度を表しています。3色のリングがすべて一周すると、1日の目標達成です。

文字盤を「アクティビティデジタル」や「アクティビティアナログ」に設定（P.53参照）するか、文字盤の「コンプリケーション」（P.62参照）に「アクティビティ」を設定すると、文字盤でアクティビティの進捗状況を確認することができます。

アクティビティの画面の見方

「ムーブ」は、運動によるカロリーの消費を示しています。「エクササイズ」は、早歩き以上の運動をした分数を示しています。「スタンド」は、1日のうち、1時間に1分以上立っていた回数を示しています。

デジタルクラウンを回すと、現在の合計が表示されます。「ムーブ」「エクササイズ」「スタンド」はそれぞれゴールを変更することができます(P.129参照)。

左下の画面でさらにデジタルクラウンを回すと、「グラフ」「合計歩数」「合計距離」「上った階数」の進捗が表示されます。

MEMO **車椅子の設定**

車椅子の設定がオンの場合、歩数ではなくプッシュ数がカウントされます。<アクティビティ>アプリの「スタンド」の青いリングは「ロール」に切り替わり、車椅子で1時間に1分以上動き回った回数が表示されます。記録は<ヘルスケア>アプリに保存されます。

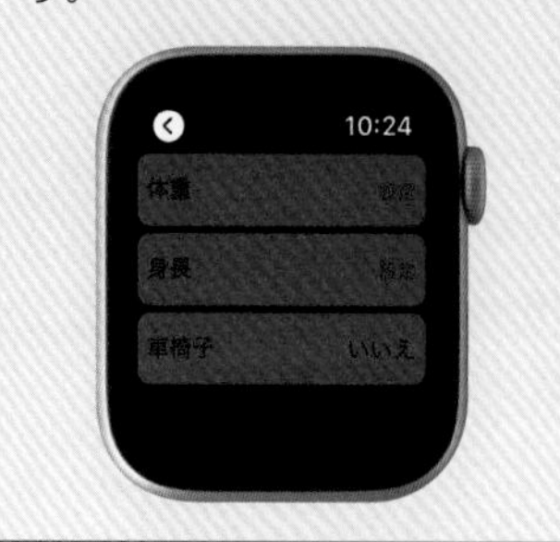

アクティビティの利用を始める

Apple Watchで<アクティビティ>アプリを初めて利用するときは、正しく計測を行うために年齢や体重などの初期設定が必要です。ここでは設定方法を解説します。

アクティビティを始める

1 ホーム画面で◎をタップして<アクティビティ>アプリを起動します。

2 画面を左方向にスワイプします。

3 「ムーブ」の説明画面をさらに左方向にスワイプし、「エクササイズ」と「スタンド」の説明を読みます。

4 <さあ、始めよう!>をタップします。

5 「あなたの情報を教えてください」と表示されたら、画面に従って「性別」「年齢」「体重」「身長」「車椅子」をタップし、デジタルクラウンを上下に回して設定します。

6 必要事項を入力したら、<続ける>をタップします。

7 「通常、あなたはどれくらいアクティブですか?」と表示されるので、該当するものをタップします。

8 デジタルクラウンを回すか、や+をタップしてカロリーを設定し、<次へ>をタップして、エクササイズとスタンドの時間を設定します。

MEMO iPhoneから設定するには

アクティビティの初期設定は、Apple WatchとペアリングしたiPhoneからも行うことができます。iPhoneで<Watch>→<マイウォッチ>→<ヘルスケア>→<ヘルスケアの詳細>の順にタップし、<編集>をタップして、「生年月日」「性別」「身長」「体重」「車椅子」を入力します。

ムーブを利用する

＜アクティビティ＞アプリの「ムーブ」は、通勤・通学時の歩行や腕の上げ下げなど、日常生活での運動による消費カロリーを計測します。「ムーブ」は赤色のリングで表示されます。

アクティブ消費カロリーを計測する

1 3色のリングのうち、いちばん外側の赤色の矢印で表示されている部分が「ムーブ」のグラフです。

2 その日のゴールを達成すると、リングが完成します。

3 手順①の画面を上方向にスワイプすると、消費カロリーの進捗を確認することができます。

4 さらに上方向にスワイプすると、時間別の棒グラフ表示に切り替わります。

ムーブゴールを変更する

1 ホーム画面で◎をタップして＜アクティビティ＞アプリを起動します。

2 画面を上方向にスワイプして、＜ゴールを変更＞をタップします。

3 デジタルクラウンを回すか、−や+をタップして1日のムーブゴールを調整し、＜次へ＞→＜次へ＞→＜OK＞の順にタップします。

4 設定が完了しました。ホーム画面に戻るには、デジタルクラウンを押します。

ムーブゴールの設定下限

手順③の画面でムーブゴールを設定できるのは、10キロカロリー以上の数値です。なお、「エクササイズ」「スタンド」のゴールも変更できます。

アクティビティの通知を設定する

アクティビティは設定した目標に応じて、いろいろな通知を表示します。一日の始まりに挨拶をしたり、目標を達成したときに祝福したりします。通知する項目はiPhoneで設定できます。

通知を確認する

1 文字盤を表示して、画面を下方向にスワイプします。

2 アクティビティからはいろいろな通知が届きます。確認したい通知をタップします。

3 ゴールを達成すると通知が表示されます。画面を上方向にスワイプします。

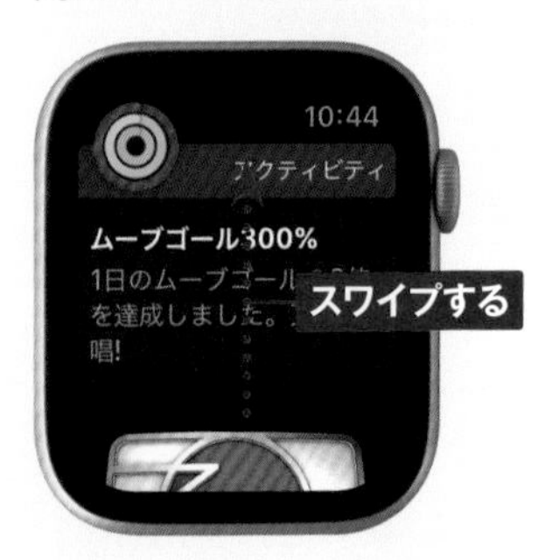

4 成果で獲得したバッジが表示されます。

アクティビティの通知設定を変更する

1 iPhoneのホーム画面で＜Watch＞をタップします。

2 ＜マイウォッチ＞をタップして上方向にスワイプし、＜アクティビティ＞をタップします。

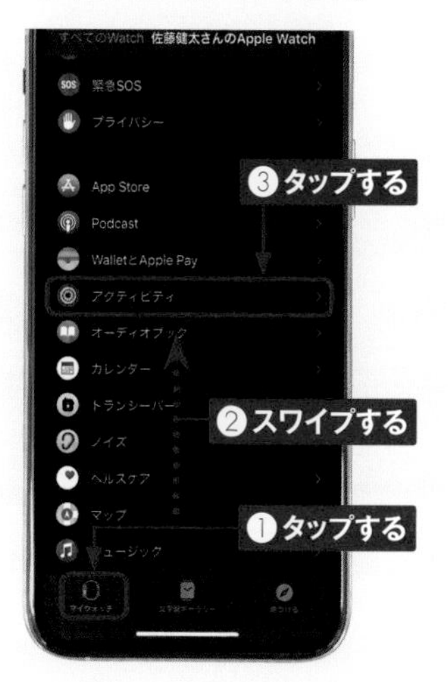

3 通知のオン・オフを切り替えることができます。ここでは「スタンドリマインダー」の をタップします。

4 「スタンドリマインダー」の通知が になり、Apple Watchに通知されなくなります。

アクティビテ ィを共有する

アクティビティの情報は、家族や友人と共有できます。友達がゴールを達成したり、バッジを獲得したりすると通知を受け取ることができるほか、スコアを競うこともできます。

友達を追加する

1 iPhoneのホーム画面で＜フィットネス＞をタップします。

2 ＜共有＞→＜はじめよう＞の順にタップします。

3 画面右上の→の順にタップします。

4 友達の名前やメールアドレスを入力して、＜送信＞をタップします。友達が参加依頼を承認すると、友達のアクティビティが表示され、友達もあなたのアクティビティを見られるようになります。

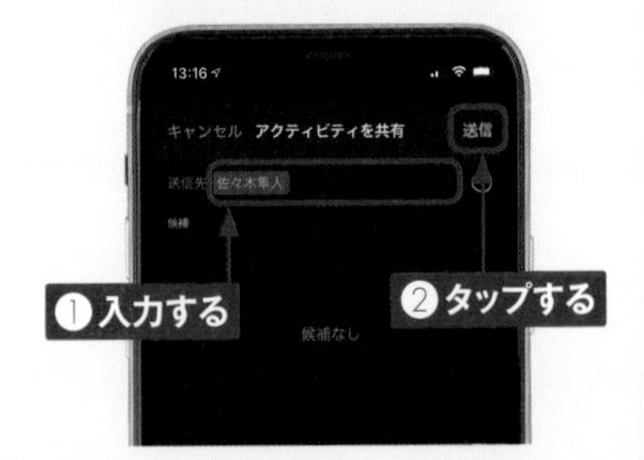

友達の進捗状況を確認する

1 ホーム画面で◎をタップして<アクティビティ>アプリを起動します。

2 画面を左方向にスワイプします。

3 デジタルクラウンを上下に回すと、友達リストをスクロールできます。

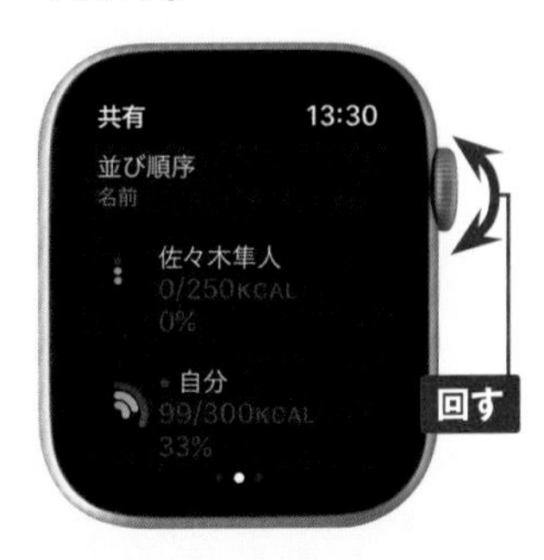

4 友達をタップすると、友達のデータを確認できます。

アクティビティの成果を友達と競争する

友達とアクティビティを共有すると、7日間の競争を挑むことができます。この競争では、完成させたアクティビティリングの割合をもとにポイントが加算され、友達と自分のどちらが優勢かを通知によって知ることができます。

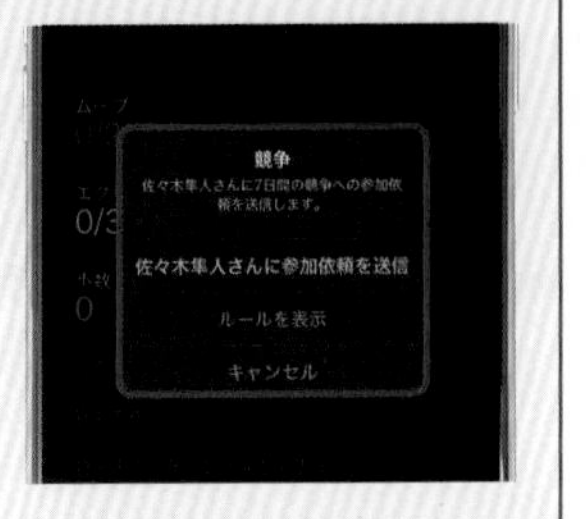

ワークアウトアプリを利用する

Apple Watchの<ワークアウト>アプリを使うと、運動の継続時間や距離、消費カロリーなどを記録することができます。なお、<ワークアウト>アプリの記録計測は、Apple Watchのみで可能です。

ワークアウトアイコンの種類

	ウォーキング	トレッドミルで歩くときや、屋内トラックや屋内施設など、屋内で歩くときに選択します。
	ランニング	トレッドミルでランニングするなど、屋内でランニングする場合に選択します。
	サイクリング	スピンクラスに参加する、エアロバイクを漕ぐなどの場合は「インドアバイク」を、戸外で自転車に乗る場合は「サイクリング」を選択します。
	エリプティカル	エリプティカルマシンと呼ばれるエクササイズマシンを使う場合や、似たような運動をする場合に選択します。
	ローイング	ローイングマシンを使う場合や、似たような運動をする場合は、「ローイング」を選択します。
	ステアステッパー	ステアステッパーマシンを使う場合は、「ステアステッパー」を選択します。
	HIIT	短時間の休憩（リカバリータイム）を挟みながらエクササイズを集中的にくり返し行う場合は、「HIIT」を選択します。
	ハイキング	「ハイキング」を選択すると、ペース、距離、上昇した高度、消費カロリーが計測されます。ワークアウト中は、どの程度の高さまで登ったかをリアルタイムで確認できます。
	ヨガ	ヨガのワークアウトを記録する場合に選択します。
	機能的筋力トレーニング	ダンベルなどの小さな機器を使う場合や、機器を使わずに行う場合に選択します。
	ダンス	ダンスのスタイルを問わず、フィットネス目的でダンスをする場合に選択します。
	クールダウン	別のワークアウトが終わったあとに、軽い動きやストレッチなどで疲労回復する場合に選択します。
	コアトレーニング	腹筋や背筋を鍛えるエクササイズをする場合に選択します。
	スイミング	選択後にワークアウトが始まったら、水滴がタップとして誤認されないように、画面が自動的にロックされます。
	車椅子	手動の車椅子の場合は、「車椅子ペースウォーキング」または「車椅子ペースランニング」を選択できます。
	その他	運動内容に合う種類のワークアウトがない場合に選択します。

ワークアウトをフリーで行う

1 ホーム画面で をタップして<ワークアウト>アプリを起動します。

2 行いたい運動の をタップします。

3 ゴールの種類（ここでは<フリー>）をタップします。

4 カウントのあとに、ワークアウトが始まります。画面を右方向にスワイプします。

5 <終了>をタップするとワークアウトが完了します。

6 「概要」画面でワークアウトの内容を確認できます。

5

ワークアウトを設定する

運動やトレーニングのことを「ワークアウト」といいます。Apple Watchを装着して<ワークアウト>アプリを利用すると、経過時間やペース、進捗を確認でき、効率的に体を動かすことが可能です。

ワークアウトのゴールを設定する

① P.135手順③の画面で<距離>をタップします。

② デジタルクラウンを回して「距離」のゴールを設定し、<開始>をタップします。

③ 手順①の画面で<キロカロリー>をタップすると、「キロカロリー」のゴールを設定できます。

④ 手順①の画面で<時間>をタップすると、「時間」のゴールを設定できます。

ワークアウトの進捗を確認する

① P.136手順②の画面を表示し、<開始>をタップします。

② ワークアウトの進捗を、数字と円グラフで確認できます。画面を右方向にスワイプします。

③ <終了>をタップすると、ワークアウトが終了します。<一時停止>をタップすると、計測が一時中断します。

④ 中断したワークアウトを再開するには、手順③の画面を表示して、<再開>をタップします。

ワークアウトの自動検出

<ワークアウト>アプリを起動していなくても、運動中であることをApple Watchが感知して、<ワークアウト>アプリを起動するように通知されます。その場合、すでに動いた分についてのデータも加算されます。また、クールダウン中にワークアウトを終了するようリマインドする通知も受け取ることができます。

ワークアウトの通知を利用する

<ワークアウト>アプリでは、設定した目標値に合わせて、ワークアウトの進捗状況が通知されます。また、目標を達成すると「バッジ」(Sec.53参照)を獲得することができます。

ワークアウトの通知を確認する

1 設定した目標値の半分を達成すると、「中間点」と表示された通知が届きます。

2 目標値を達成すると、「ゴール達成」と表示されます。計測はそのまま継続されます。

3 目標達成時などには通知が届くので、タップして内容を確認できます。

4 画面を上方向にスワイプすると、獲得したバッジを見ることができます。

ワークアウト中の バッテリー消費を抑える

ウォーキングまたはランニングのワークアウト中は、心拍数センサーをオフにすると、バッテリーの消費を節約できます。ただし、消費カロリーの計測精度が低下する場合があります。

ワークアウト中の電力を節約する

1 iPhoneのホーム画面で<Watch>をタップします。

2 <マイウォッチ>→<ワークアウト>の順にタップします。

3 「省電力モード」の をタップします。

4 「ウォーキング」または「ランニング」のワークアウトの間は、モバイル通信と心拍数センサーがオフになります。

ワークアウトの結果を見る

ワークアウトが終了したら、ワークアウトの結果を確認しましょう。その日の気候や距離、平均心拍数など、記録したデータを保存して、次回のワークアウトに活かすことができます。

ワークアウトの記録を確認する

1 ゴールに達すると通知が表示されますが、計測はそのまま継続されます。

2 ワークアウトを終了するには、画面を右方向に数回スワイプします。

3 ＜終了＞をタップします。

4 ワークアウトの「概要」画面が表示されます。画面を上方向にスワイプします。

5 ワークアウトの詳細な記録を確認できます。さらに画面を上方向にスワイプします。

6 <完了>をタップするとワークアウトが保存されます。ワークアウトの結果はあとからiPhoneで確認することもできます（P.143手順⑧参照）。

7 ワークアウトを終了してホーム画面に戻るには、デジタルクラウンを押します。

8 次に<ワークアウト>アプリを利用すると、今までの最高記録が「最長：○○」「最高：○○」などと表示されるので、次回のワークアウトで参考にするとよいでしょう。

MEMO

ワークアウトを調整する

「ウォーキング」または「ランニング」のワークアウトを行う前に、Apple Watchを装着しながら約20分間、屋外でウォーキングすると、Apple Watchが調整され、測定の精度が上がります。

MEMO

週ごとの概要を確認する

<アクティビティ>アプリを起動し、画面を上方向にスワイプして<週ごとの概要>をタップすると、1週間分の消費カロリー数や歩数、移動距離、上った階数の合計を確認できます。

iPhoneで アクティビティを管理する

iPhoneの<フィットネス>アプリには、過去のアクティビティのデータが保存されています。日ごとの達成度がひと目でわかるため、モチベーションの維持にも役立ちます。

アクティビティのデータをiPhoneで管理する

1 iPhoneのホーム画面で<フィットネス>をタップします。

2 今日のアクティビティデータを確認できます。「アクティビティ」の下の概要をタップします。

3 上部に1週間のデータが表示され、上方向にスワイプすると、「ムーブ」「エクササイズ」「スタンド」の各項目ごとの進捗を、棒グラフで確認できます。

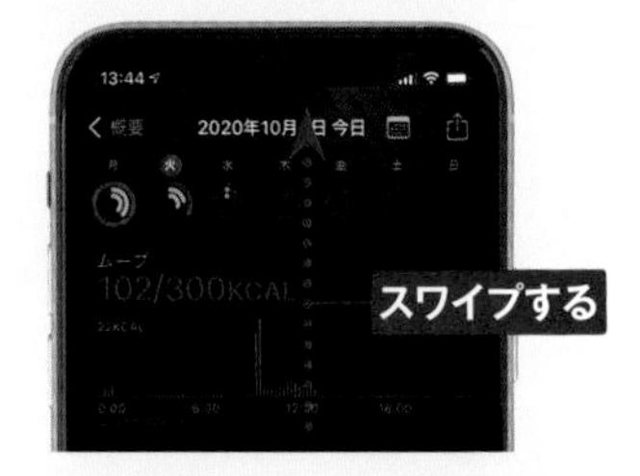

4 最下部までスワイプすると、ワークアウトの進捗、歩数と移動距離、上った階数などが表示されます。

5 ▦をタップすると、ひと月ごとのデータを確認することができます。

6 日付をタップすると、その日のデータを確認できます。

7 上方向にスワイプします。

8 ワークアウトのデータを確認できます。「ワークアウト」には、これまでに実行したワークアウト一覧が表示されます。

iPhoneで バッジを確認する

アクティビティやワークアウトで目標を達成すると、ときに「バッジ」を獲得することがあります。獲得したバッジはiPhoneの<フィットネス>アプリで確認できるほか、ほかの人と共有することもできます。

獲得したバッジをiPhoneで確認する

1 iPhoneのホーム画面で<フィットネス>をタップします。

2 画面を上方向にスワイプし、「バッジ」の<さらに表示>をタップします。

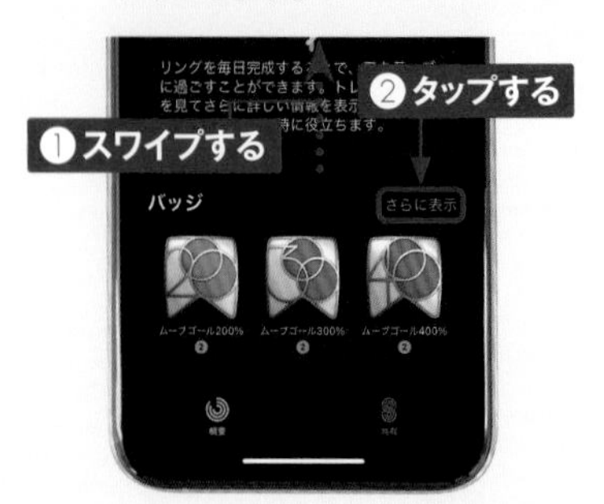

3 バッジの一覧が表示されます。詳細を確認したいバッジをタップします。

MEMO Apple Watchでバッジを確認する

バッジを獲得すると、Apple Watchに通知が届くので、<バッジを表示>をタップすると、獲得したバッジの詳細を確認できます。過去に獲得したバッジは、iPhoneからのみ確認することができます。

④ バッジの詳細と獲得日が表示されます。

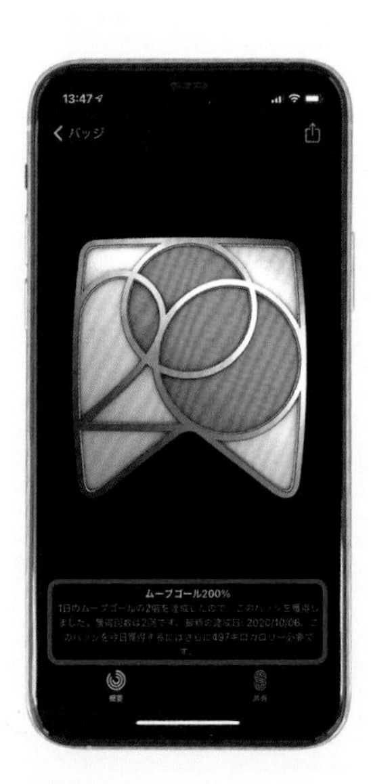

⑤ まだ獲得していないバッジの獲得方法を確認したい場合は、獲得前のバッジをタップします。

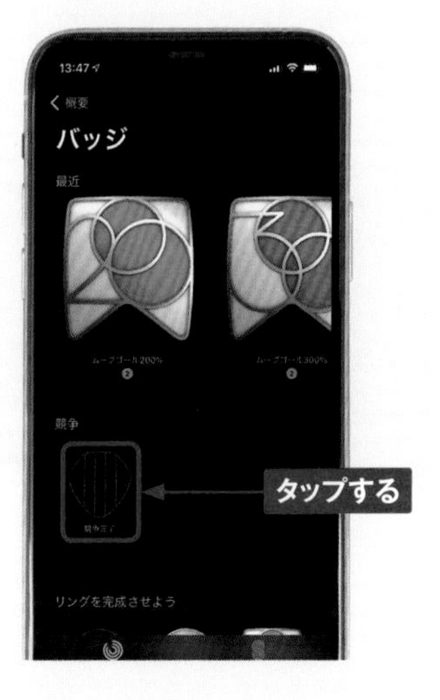

⑥ 選択したバッジの獲得方法を確認できます。

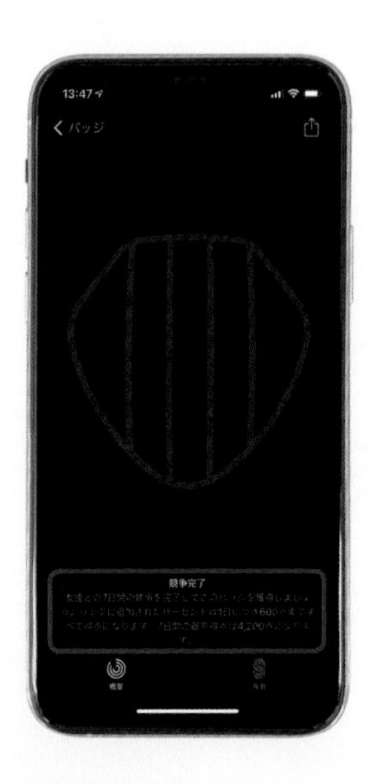

MEMO **獲得したバッジを共有する**

手順④の画面で右上の をタップすると、獲得したバッジをメッセージ、メール、SNSで共有することができます。

ヘルスケアアプリを利用する

iPhoneの<ヘルスケア>アプリを使用すると、自分の身長や体重などの身体状況の管理や、Apple Watchで計測したデータをソースとした健康状態の管理をすることができます。

ヘルスケアデータを確認する

1 iPhoneのホーム画面で<ヘルスケア>をタップします。

2 <ヘルスケア>アプリを初めて起動する場合は、「ようこそ新しい“ヘルスケア”Appへ」画面が表示されます。<次へ>をタップし、画面に従って進めます。

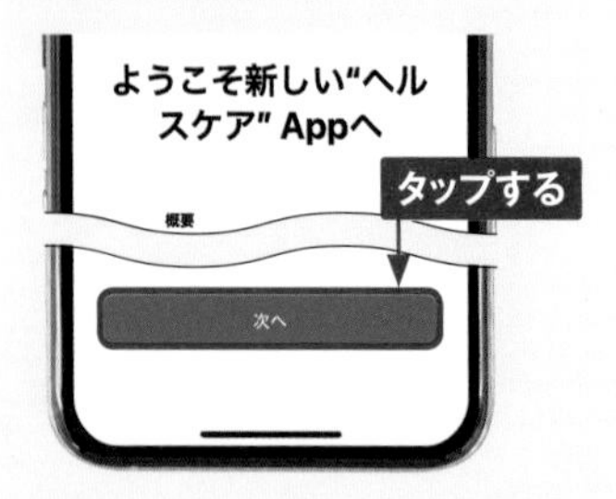

3 <すべてのヘルスケアデータを表示>をタップし、項目を選んでタップします。

4 手順③でタップした項目の詳細が表示されます。

週単位のリスニングを確認する

リスニングは、Apple Watchが検知した環境音やヘッドフォンの音量のことで、日々の行動から自動的に＜ヘルスケア＞アプリに記録されます。聴覚に影響をおよぼす可能性がある音量にどのくらいさらされているのかを把握する際に役立ちます。

1 iPhoneで＜ヘルスケア＞アプリを起動し、＜ブラウズ＞をタップします。

2 ＜聴覚＞をタップします。

3 ＜環境音レベル＞をタップします。

4 週単位の環境音レベルを確認できます。

5

心拍数を測定する

Apple Watchには、心拍数を読み取る光学式センサーが搭載されています。このセンサーにより、Apple Watchを手首に装着するだけで、心拍数を計測して表示することができます。

心拍数を測定する

① ホーム画面で をタップします。初回起動時は<次へ>をタップして進みます。

② 心拍数の計測が始まり、心拍数が表示されます。画面左上の をタップします。

③ 画面を上方向にスワイプすると、安静時や歩行時などの心拍数を確認できます。

MEMO Apple Watchを正しく装着する

心拍数を正しく読み取るには、Apple Watchの背面が手首の上側の皮膚に接触している必要があります。ワークアウト中は、できるだけApple Watchのバンドをしっかりと締めて、動かないようにしましょう。

心拍数のしきい値を設定する

1 iPhoneで＜Watch＞→＜マイウォッチ＞の順にタップし、画面を上方向にスワイプして、＜心臓＞をタップします。

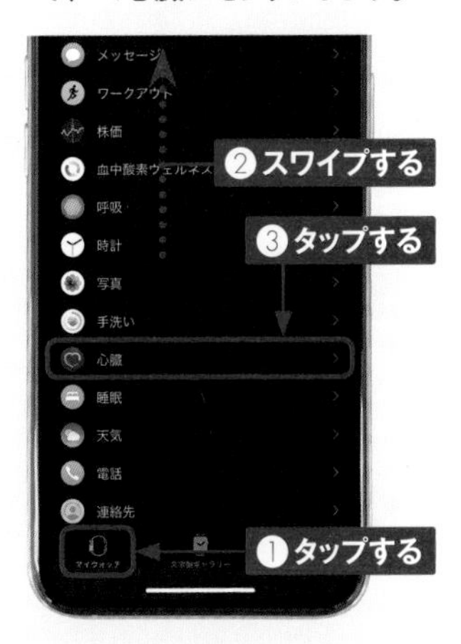

2 ＜高心拍数＞または＜低心拍数＞をタップします。

3 心拍数のしきい値（ここでは＜100拍／分＞）をタップします。設定したしきい値を超えた状態が10分間続いた場合に、Apple Watchに通知します。

MEMO **心電図を利用する**

Series6/5/4には、電気式心拍センサーが搭載されていて、＜心電図＞アプリで心電図を測定することができます。2020年10月時点では日本国内で利用できませんが、2020年9月に医療機器としての承認が取得されたので、まもなく利用できるようになる見込みです。

血中酸素濃度を測定する

Series6には血中酸素濃度センサーが搭載されています。血液中の酸素を測定することで、呼吸器や心臓の状態を日常的に把握できます。正常値は95～99%とされています。

血中酸素濃度を測定する

1 をタップして<血中酸素ウェルネス>アプリを起動します。

2 初回起動時は説明を読み、<次へ>→<次へ>→<完了>の順にタップします。

3 <開始>をタップして、手首を平らにして15秒間待ちます。

4 測定が終わると結果が表示されます。<完了>をタップして終了します。

測定の履歴を確認する

1 iPhoneで<ヘルスケア>アプリを起動し、<ブラウズ>→<バイタル>の順にタップします。

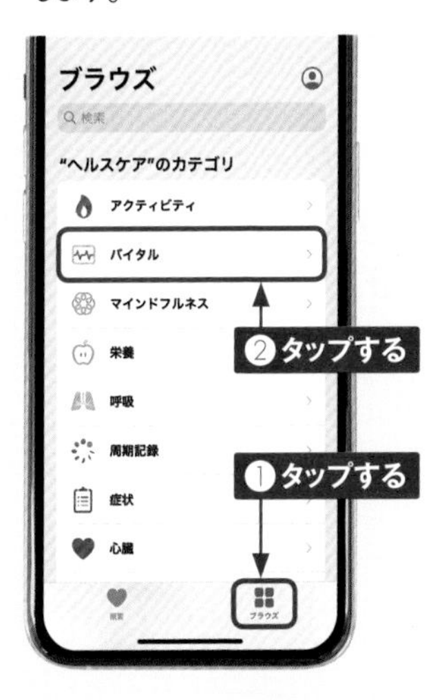

2 <取り込まれた酸素のレベル>をタップします。

3 過去の測定結果を確認できます。

バックグラウンド測定

Apple Watchで→<血中酸素ウェルネス>の順にタップします。<睡眠モード中>や<シアターモード中>をタップしてオンにすると、アプリを起動していなくても測定されます。

呼吸を管理する

Apple Watchの＜呼吸＞アプリは、1日のうち数分間、リラックスして呼吸をする時間を確保するように促します。画面に表示されるアニメーションに合わせて大きく深呼吸をしましょう。

呼吸セッションを開始する

1 ホーム画面でをタップして＜呼吸＞アプリを起動します。

2 デジタルクラウンを回して、1～5分までの継続時間を選択し、＜開始＞をタップします。

3 画面の表示に従って深呼吸をします。

4 呼吸セッションが終了すると、「今日の累計」と「心拍数」の結果が表示されます。

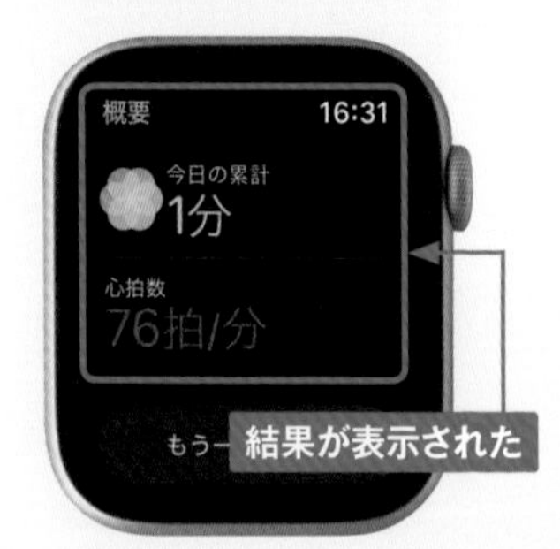

呼吸の頻度を変更する

1 iPhoneのホーム画面で＜Watch＞をタップし、＜マイウォッチ＞→＜呼吸＞の順にタップします。

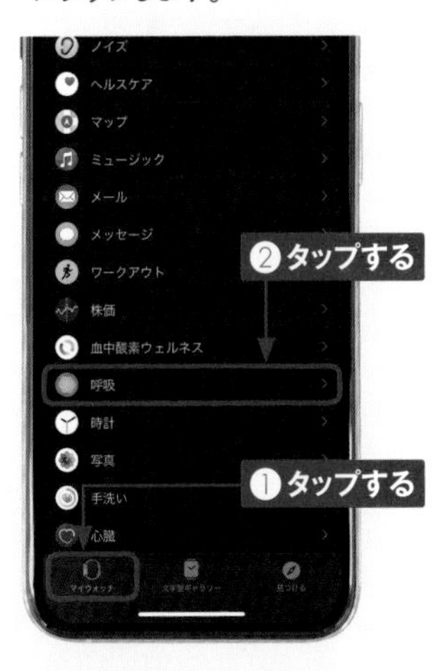

2 ＜呼吸の頻度＞をタップします。

3 呼吸の頻度をタップして選択し、＜呼吸＞をタップします。

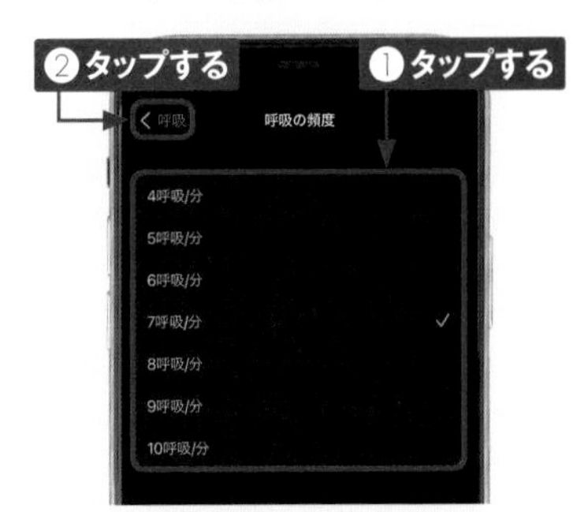

MEMO 呼吸リマインダーを確認する

Apple Watchの標準状態では、＜呼吸＞アプリのリマインダー機能がオンになっています。数時間に一度、深呼吸を促す通知が表示されるので、＜開始＞または＜今日は通知を停止＞をタップします。なお、リマインダーをオフにしたい場合は、iPhoneで手順②の画面を表示し、＜呼吸リマインダー＞→＜なし＞の順にタップします。

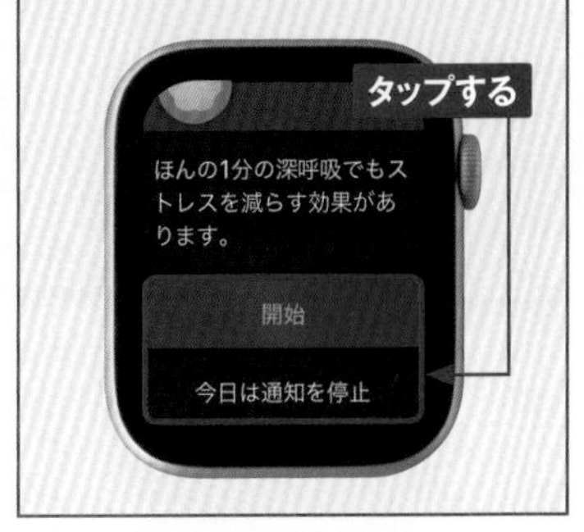

睡眠を管理する

睡眠データを記録すると、毎日の睡眠サイクルを把握することができます。スケジュールの設定や記録したデータの確認は<睡眠>アプリで、睡眠のオプションの変更は<設定>アプリで行います。

<睡眠>アプリで睡眠データを記録する

1 ホーム画面で をタップして<睡眠>アプリを起動します。

2 初回起動時は説明が表示されるので、<次へ>をタップします。

3 デジタルクラウンを回して睡眠時間の目標を設定し、<次へ>をタップします。

4 <毎日>をタップして、睡眠スケジュールを有効にする曜日を設定します。

5 手順4の画面を上方向にスワイプし、起床時刻などを設定します。

6 手順5の画面を上方向にスワイプして就寝時刻を設定し、<次へ>をタップします。

7 睡眠スケジュールが設定されます。画面の指示に従って設定を完了します。

8 就寝時刻前に、睡眠モードになることが通知されます。

9 起床時刻にApple Watchから振動とアラームが鳴り、メッセージで天気などが表示されます。

10 <睡眠>アプリを起動して上方向にスワイプすると、睡眠データを確認できます。

睡眠のオプションを変更する

「睡眠モード」をオンにすると、P.154で設定したスケジュールにしたがって睡眠データが記録され、目覚ましのアラームが鳴ります。同時に、着信音や通知音が鳴らない「おやすみモード」になります。また、睡眠のオプションで「睡眠モード」の切り替えや、就寝前の充電リマインドを変更することができます。

1 ホーム画面で⚙をタップして<設定>アプリを起動します。

2 画面を上方向にスワイプし、<睡眠>をタップします。

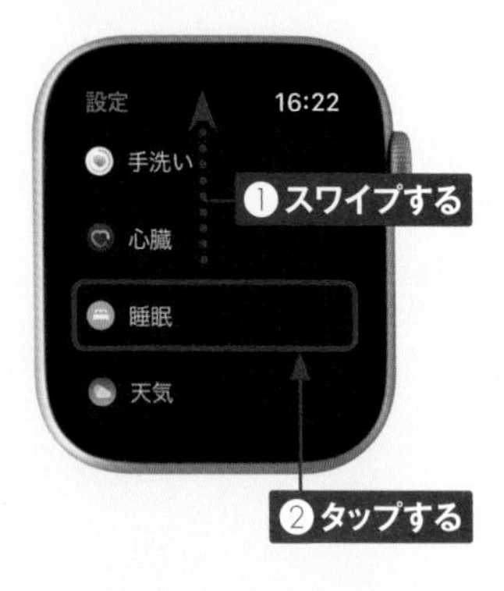

3 <睡眠モード>をタップします。

4 睡眠モードを自動的にオンにしたり、睡眠モード中に時刻を表示したりする設定が行えます。

5 手順③の画面を上方向にスワイプし、<睡眠記録>をタップしてオンにすると、睡眠データが記録されます。

6 手順⑤の画面を上方向にスワイプし、<充電リマインダー>をタップしてオンにします。

7 睡眠準備時刻前に充電を促す通知が表示されます。

8 手順⑥の画面を上方向にスワイプし、<このWatchを"睡眠"で使用しない>をタップすると、睡眠機能をオフにできます。

MEMO

睡眠スケジュールを変更する

P.154～155で設定した睡眠スケジュールを変更する場合は、<睡眠>アプリを起動して画面をタップします。また、曜日ごとに異なる睡眠スケジュールを設定する場合は、<通常スケジュール>→<別のスケジュールを追加>の順にタップします。

iPhoneで睡眠データを確認する

① iPhoneで<ヘルスケア>アプリを起動し、<ブラウズ>→<睡眠>の順にタップします。

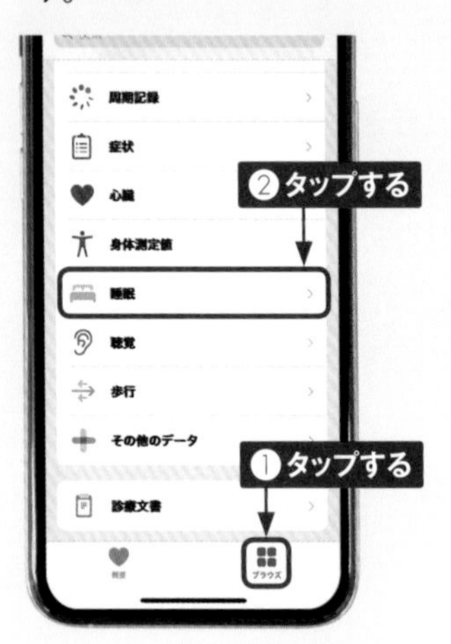

② 週単位の睡眠データを確認できます。画面を上方向にスワイプします。

③ 設定してある睡眠スケジュールのほか、睡眠中の心拍数や睡眠の平均時間などを確認できます。

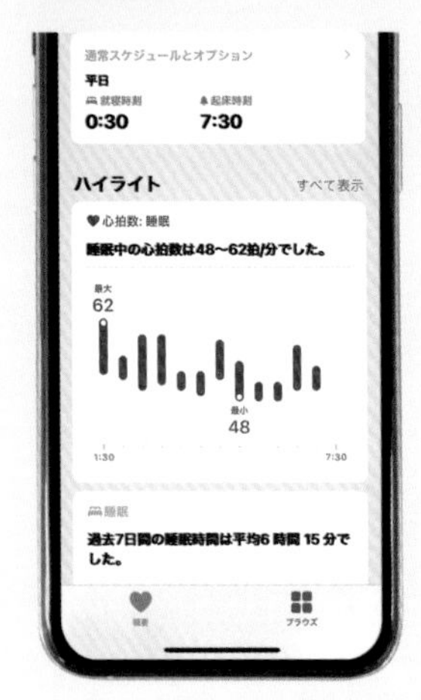

④ 手順②の画面で<さらに睡眠データを表示>をタップすると、睡眠の長さなどを詳細に確認できます。

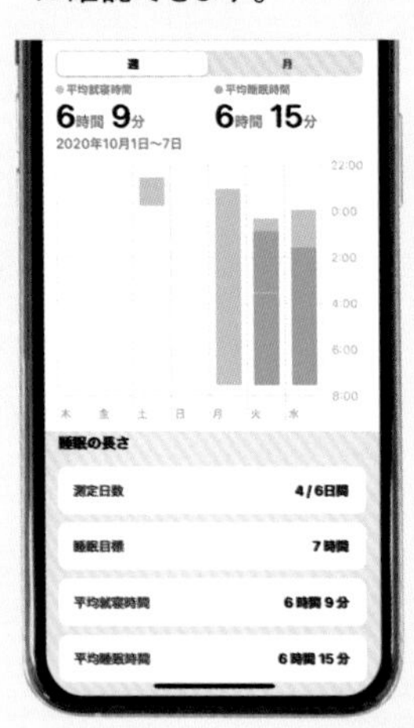

きちんと手が洗えているか確認する

Series4以降とSEでは、「手洗いタイマー」をオンにすると、手洗いの動作と音を自動検出して、20秒のタイマーが動作します。20秒経過するとアニメーションが表示されます。

手洗いタイマーを設定する

1 をタップして＜設定＞アプリを起動し、＜手洗い＞をタップします。

2 ＜手洗いタイマー＞をタップしてオンにします。

3 手洗いの動きと音を検知すると、20秒のタイマーが始まります。

MEMO 手洗いを促す

手洗いタイマーをオンにした上で、iPhoneで＜Watch＞→＜マイウォッチ＞→＜手洗い＞の順にタップし、「手洗いリマインダー」のをタップしてオンにすると、帰宅後に手を洗うように通知されます。

周期記録アプリを利用する

<周期記録>アプリでは月経周期を記録することができます。次の月経や妊娠可能期間などを予測できるほか、現在の周期を確認したり、出血具合や症状などを詳細に記録したりすることができます。

周期記録を設定する

① iPhoneのホーム画面で<ヘルスケア>をタップします。

② <ブラウズ>→<周期記録>の順にタップします。

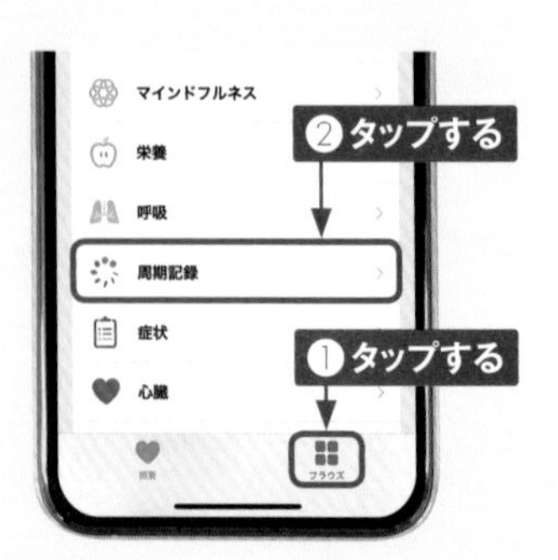

③ <はじめよう>→<次へ>の順にタップし、画面に従って進めます。

④ 設定が完了すると、周期記録や月経予測を確認できます。

Apple Watchで周期を記録する

1 ホーム画面で をタップします。

2 周期記録が表示されるので、画面を上方向にスワイプします。

3 記録したい項目(ここでは＜症状＞)をタップします。

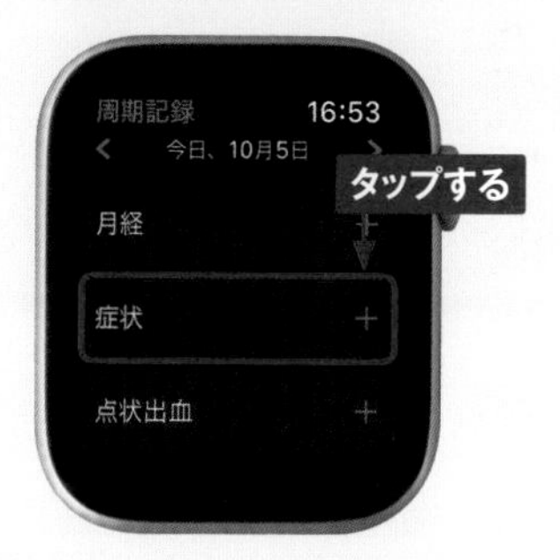

4 当てはまる症状をタップし、＜完了＞をタップします。

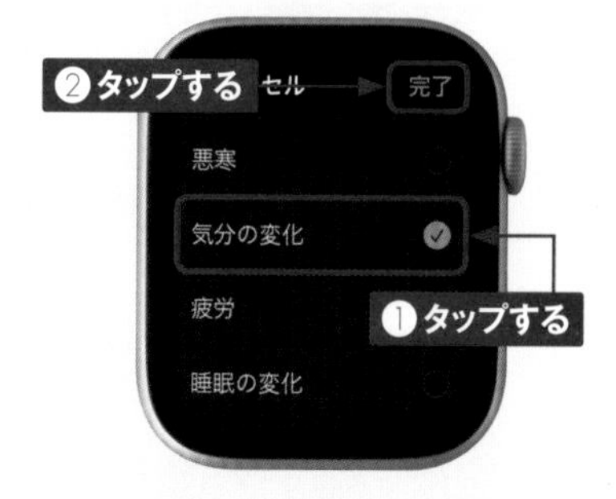

5 手順④で登録した症状が記録されます。

MEMO

周期記録のログを確認する

出血量や症状などの記録は、iPhoneで確認します。P.160手順④の画面を上方向にスワイプし、＜周期記録項目を表示＞をタップすると、過去に記録した情報をまとめて確認できます。

5

転倒検知機能を設定する

Series4以降とSEには、転倒した際の衝撃を感知し、必要に応じて緊急連絡先に通報する「転倒検知機能」が搭載されています。ユーザーが65歳以上の場合は初期状態で有効化されています。

転倒通知機能をオンにする

1 iPhoneのホーム画面で＜Watch＞をタップします。

2 ＜マイウォッチ＞→＜緊急SOS＞の順にタップします。

3 「転倒検出」の をタップして にします。

4 ＜確認＞をタップします。

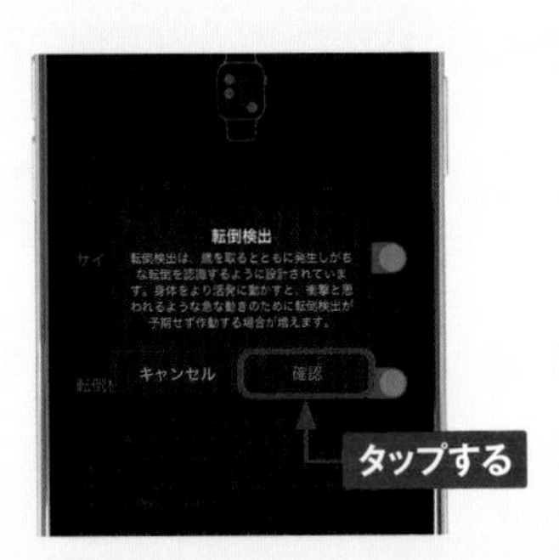

緊急連絡先を登録する

Apple Watchが転倒を検知すると、振動と警告音が鳴ります。転倒後、1分間ユーザーの反応がない場合は自動的に緊急サービスに通報され、登録した緊急連絡先にメッセージが送信されます。

1 iPhoneで＜Watch＞→＜マイウォッチ＞→＜緊急SOS＞の順にタップします。

2 ＜これらの連絡先を"ヘルスケア"で編集＞をタップします。

3 ＜緊急連絡先を追加＞をタップします。

4 連絡先を選んでタップします。

5 間柄（ここでは＜配偶者＞）をタップします。

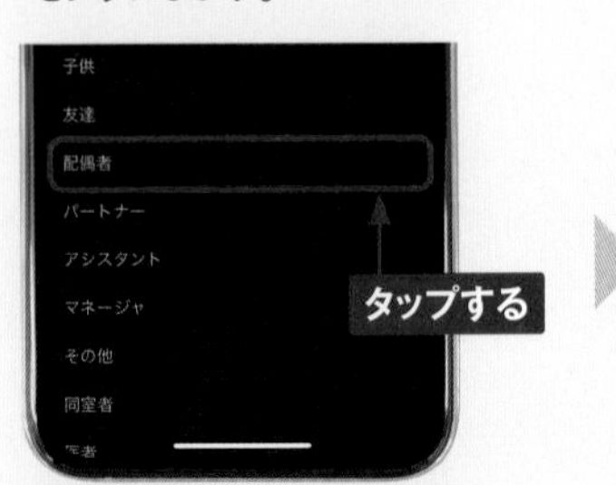

6 緊急連絡先が追加されるので、＜完了＞をタップします。

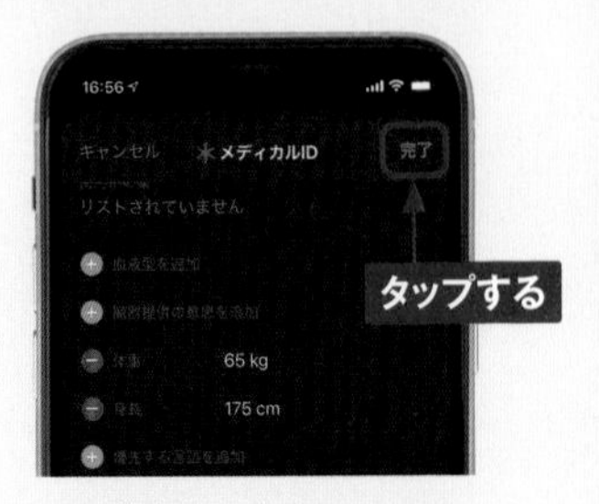

MEMO 正確な測定結果を得るために

＜アクティビティ＞アプリや＜ワークアウト＞アプリでは、最初に入力した身長や年齢などの情報にもとづいて、移動距離や消費カロリーを計測します。そのため、常に正確な測定結果を得るためには、身長や体重などの変化をApple Watchに登録する必要があります。身長や体重の数値を変更したい場合は、iPhoneで＜Watch＞アプリを起動し、＜マイウォッチ＞→＜ヘルスケア＞→＜ヘルスケアの詳細＞の順にタップします。＜編集＞をタップして、情報をアップデートしましょう。

＜Watch ＞アプリで＜ヘルスケア＞→＜ヘルスケアの詳細＞の順にタップし、＜編集＞をタップすると、情報を変更することができます。

＜設定＞アプリで＜プライバシー＞→＜位置情報サービス＞の順にタップして、「位置情報サービス」をオンに設定しておきましょう。

標準アプリを利用する

カレンダーを利用する

Apple Watchのカレンダーでは、iPhoneのカレンダーで入力した予定が自動的に同期されて確認できます。出席依頼を受けたときは、iPhoneを使うことなく、Apple Watchだけで返答することができます。

カレンダーを確認する

① 30をタップして<カレンダー>アプリを起動します。

② iPhoneのカレンダーに入力されている、今日と今後1週間の予定が表示されます。

③ 各予定をタップすると詳細が表示されます。

MEMO イベントをSiriで追加する

Sec.11を参考にSiriを起動して追加したいイベントを話しかけると、カレンダーに予定を音声入力で追加することができます。イベントを追加する場合は、「10月2日の午後7時に食事会の予定を入れて」などと話しかけます。

4 <設定>アプリを起動し、<カレンダー>をタップします。

5 カレンダーの表示形式を、「次はこちら」「リスト」「日」から選べます。

出席依頼に返信する

1 出席依頼の通知がくると画面に表示されるので、デジタルクラウンを回すか、画面を上方向にスワイプします。

2 <出席><欠席><仮承諾>のいずれかから返事を選んでタップします。

MEMO

返事はあとから変更できる

<カレンダー>アプリを起動し、出席依頼の返事を変更したい予定をタップします。画面を上方向にスワイプし、変更したい返事をタップすると、変更した内容が相手に通知されます。ただし、欠席を選んだ予定はカレンダーに表示されなくなります。iPhoneのホーム画面で<カレンダー>→<カレンダー>の順にタップし、<欠席するイベントを表示>をタップしてチェックを付けておけば、<欠席>を選んだ場合でも、同様に変更できます。

録音アプリを利用する

Series3以降とSEでは、音声を録音できる<ボイスメモ>アプリが利用できます。会議や打ち合わせ、思い付いたことを音声でメモしておきたいときに便利です。

音声を録音する

① をタップして<ボイスメモ>アプリを起動します。

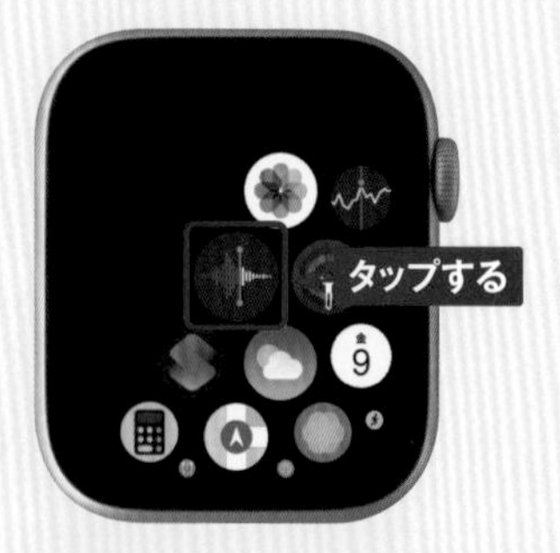

② をタップすると、録音が開始されます。

③ をタップすると、録音が終了します。

④ 録音ファイルをタップし、をタップすると再生されます。なお、…→<削除>の順にタップすると削除できます。

マップを利用する

Apple Watchの<マップ>アプリでは、自分の現在地や周囲の情報をかんたんに取得できます。目的地を音声で入力すると、そこまでの経路を自分の進行にあわせてナビゲーションします。

現在地を表示する

1 ホーム画面で をタップして<マップ>アプリを起動します。

2 <位置情報>をタップします。

3 現在地が表示されていない場合は、 をタップします。

4 デジタルクラウンを回すと、地図を拡大、縮小できます。

場所を検索する

① <マップ>アプリを起動し、左上の<マップ>、または地名（ここでは<東京都>）をタップします。

② <検索>をタップします。

③ 🎤をタップして検索したい場所を話しかけます。

④ 正しく音声入力されたら、<完了>をタップします。

MEMO 現在地の周辺を確認する

手順③の画面で「この周辺」の下の項目をタップすると、現在地の周辺の施設情報をカテゴリーごとに確認できます。<レストラン>や<コンビニ>などの中から任意の項目をタップし、検索結果が表示されたらデジタルクラウンを回して情報を確認できます。〈をタップすると地図に戻ります。なお、周辺検索は一部の地域では利用できません。

5 検索結果から目的の場所をタップすると、その場所までの到着時間が表示されます。画面を上方向にスワイプします。

6 検索した場所周辺の地図が表示されます。

位置情報サービスをオンにする

Apple Watchの位置情報サービスをオンにするには、ペアリングされたiPhoneで、<設定>→<自分の名前>→<探す>の順にタップし、「位置情報を共有」がになっていることを確認します（iCloudにサインインしていない場合は、Apple IDとパスワードを入力してサインインします）。オンになっていることを確認したら、<設定>→<プライバシー>→<位置情報サービス>→<マップ>→<このAppの使用中のみ許可>の順にタップします。

ナビゲーションを利用する

1 P.171手順⑤の画面で、「経路」をタップします。

2 注意を読んだら、<OK>をタップします。

3 候補経路が表示されるので、候補経路をタップします。

4 経路が地図上に表示されるので、ナビゲーションに従って経路を進みます。文字で表示されている経路をタップします。

MEMO コンパスを利用する

Series5以降では<コンパス>アプリを利用できます。ホーム画面で をタップすると、自分が向いている方角やApple Watchの傾き、地面の高度、緯度と経度を確認できます。<マップ>アプリと連動しているほか、Wi-Fiやモバイルデータ通信のない環境でも使えます。

5. 経路が文字で表示されます。画面を上下にスワイプすることで、右左折する箇所などのポイントごとに経路を確認できます。なお、手順④の画面で＜をタップし、＜終了＞をタップすると、ナビゲーションを終了できます。

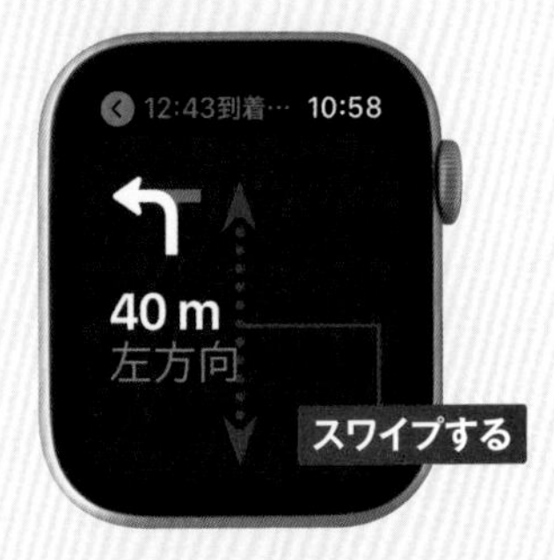

MEMO 自転車用のマップ

watchOS7から、＜マップ＞アプリに自転車用の経路案内が追加されました。2020年10月時点では日本で利用することはできませんが、手順①の画面で<自転車>をタップすると、自転車用の経路が表示されます。自転車では通れない道や階段などがある場所に差しかかると通知されるほか、目的地までの最短時間・最短距離も提示されます。

案内の通知を選択する

1. iPhoneで＜Watch＞→＜マイウォッチ＞→＜マップ＞の順にタップします。

2. 「案内を通知」で移動手段を選んでオンにすると、曲がる場所に近くなったときに振動と音で通知されます。

騒音モニターを利用する

＜ノイズ＞アプリは、マイクを使って周囲の騒音レベルを定期的に測定します。騒音がする環境に長い間さらされていると、聴覚に悪影響を及ぼすと判断され、振動で通知されます。

サウンド測定をオンにする

1 をタップして＜ノイズ＞アプリを起動します。初回起動時は＜"設定"を開く＞をタップします。

2 画面を上方向にスワイプし、＜ノイズ＞をタップします。

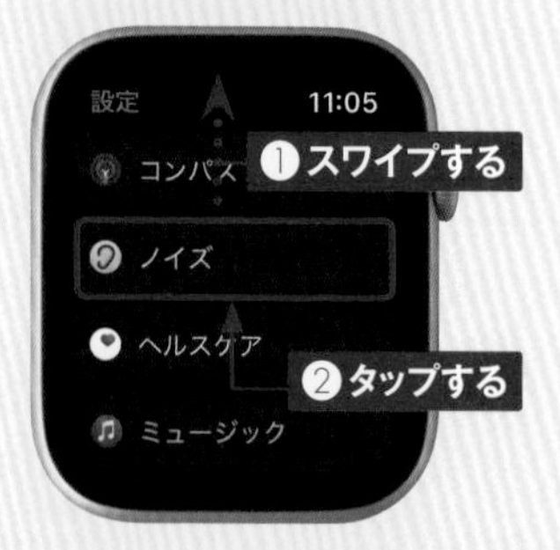

3 ＜環境音測定＞をタップします。

4 「サウンド測定」のをタップしてにします。

ノイズのしきい値を変更する

1 ホーム画面で⚙をタップして<設定>アプリを起動します。

2 画面を上方向にスワイプし、<ノイズ>をタップします。

3 <ノイズ通知>をタップします。

4 デシベルレベルを選んでタップします。

5 設定したデシベルレベルを超えると、忠告の色に変わります。

MEMO iPhoneからしきい値を設定する

しきい値はiPhoneからでも設定することができます。iPhoneのホーム画面で<Watch >→<マイウォッチ>→<ノイズ>の順にタップし、<ノイズのしきい値>をタップしたら、デシベルレベルを選んでタップします。設定したデシベルレベルを超えた状態が長く続くと、Apple Watchに振動で通知されます。

iPhoneの音楽を操作する

iPhoneで音楽やPodcastなどを再生すると、Apple Watchに音楽コントローラーが表示されます。再生、停止、音量の調整まで自由に行えるので、iPhoneを取り出す必要はありません。

音楽再生画面の見方

●再生画面

再生中の曲名、アーティスト名、アルバム名が表示されます。

再生するデバイスを選択できます。

シャッフルやリピートができます。

⏪をタップすると曲の先頭から、⏩をタップすると次の曲が再生されます。再生中に⏸をタップすると停止、停止中に▶をタップすると再生できます。デジタルクラウンを回して曲を選択することもできます。

タップするとオプション画面が表示されます（下記参照）。

●オプション画面

再生中の曲をライブラリから削除できます。

曲にマイナスの評価を付けられます。評価はフェイバリット・ミックスなどに反映されます。

再生中の曲をプレイリストに追加できます。

曲に好意的な評価を付けられます。評価はフェイバリット・ミックスなどに反映されます。

iPhoneで再生中の音楽を操作する

① 音楽を再生し、デジタルクラウンを回すと音量の調整ができます。

② 手順①の画面で…をタップすると、オプション画面が表示されます。

③ 手順②の画面で<キャンセル>をタップすると、再生画面に戻ります。

④ デジタルクラウンを2回押すと、文字盤が表示されます。文字盤の をタップすると、再生画面になります。

オーディオを調整する

ホーム画面で をタップして<設定>アプリを起動し、<アクセシビリティ>をタップします。「モノラルオーディオ」を にすると、モノラルで音楽などを聴くことができます。イヤホンを付けているときの左右の音量バランスも調整できます。

6

プレイリストを同期する

iPhoneのプレイリストを同期することで、Apple Watchに音楽を保存して再生することができます（Sec.69参照）。お気に入りの音楽をセレクトし、Apple Watchと同期して楽しみましょう。

iPhoneの音楽をApple Watchと同期する

① iPhoneのホーム画面で<Watch>をタップします。

② <マイウォッチ>→<ミュージック>の順にタップします。

③ <ミュージックを追加>をタップします。

MEMO 音楽を自動的に追加する

手順③の画面で、「最近聴いたミュージック」が になっていると、自動的にApple Watchへ追加されます。自動追加したくないときはオフにしておきましょう。

④ <プレイリスト>をタップし、Apple Watchと同期したいプレイリストをタップして、⊕をタップします。

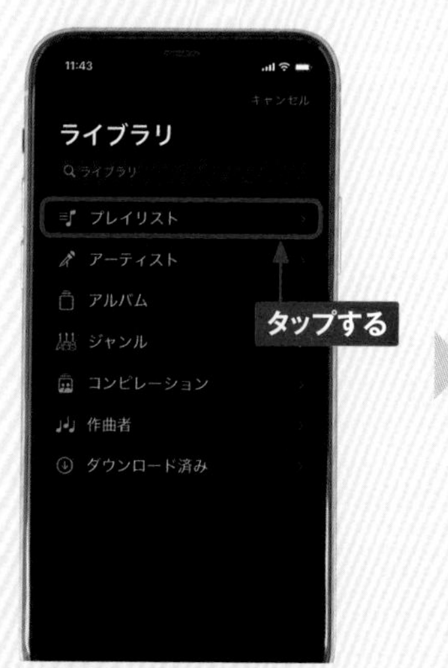

⑤ 追加したいプレイリストが指定されます。Apple Watch本体を充電器につないで充電中にすると、同期が始まります。

6

MEMO プレイリストを作成する

手順④で表示されるプレイリストは、iPhoneの<ミュージック>アプリから作成できます。iPhoneのホーム画面で♫→<ライブラリ>→<プレイリスト>→<新規プレイリスト>の順にタップして名前を入力します。<ミュージックを追加>をタップして追加したい曲を選び、<完了>をタップするとプレイリストが作成されます。

Bluetoothイヤホンを利用する

Apple Watchの音楽をBluetooth機器で再生することができます。再生するには、Apple WatchをBluetoothで再生したい機器に接続する必要があります。

Apple WatchにBluetooth機器を接続する

1 Bluetooth対応イヤホンやスピーカーを用意し、ペアリングモードにしておきます（方法は各機器の取扱説明書を参照）。

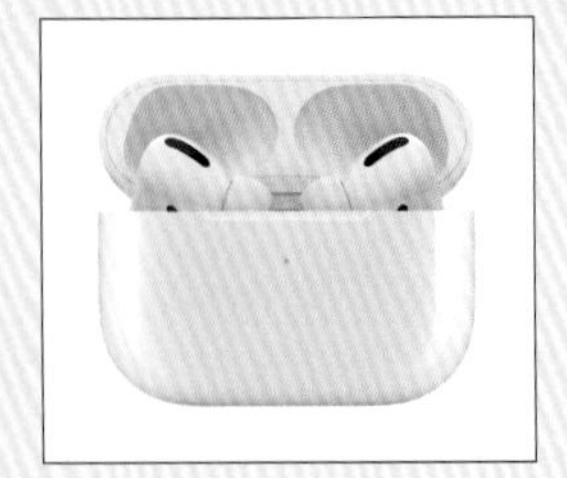

2 ホーム画面で⚙をタップして<設定>アプリを起動します。

3 <Bluetooth>をタップします。

MEMO **Macのロック画面を自動解除する**

MacとApple Watchの両方で同じApple IDを使ってiCloudにサインインしていれば、Apple Watchを近付けるだけでMacのロックを解除できます。システム要件や設定方法については、Appleの公式サイト（https://support.apple.com/ja-jp/HT206995）を確認してください。

④ 周囲にあるBluetooth機器が検索されます。

⑤ ペアリングする機器を選んでタップします。

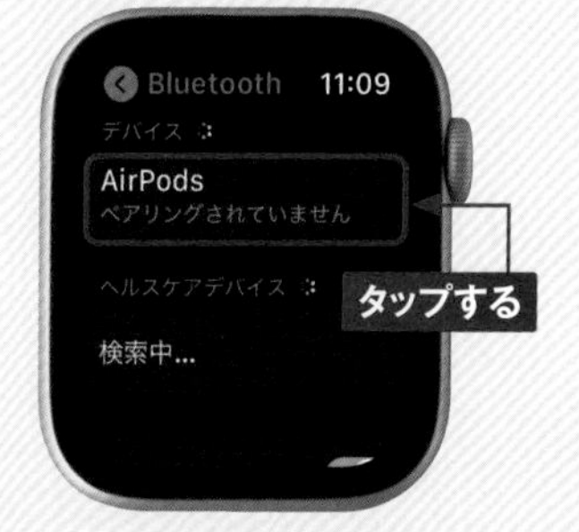

⑥ 手順④の画面に戻り、「接続済み」と表示されたらペアリング成功です。

⑦ ペアリングを解除するには、手順⑥の画面でⓘをタップし、<ペアリングを解除>をタップします。

MEMO AirPodsのバッテリー残量を確認する

AppleのBluetooth対応イヤホン「AirPods」とペアリングした場合、Apple WatchでAirPodsのバッテリー残量を確認することができます。P.39を参考にコントロールセンターを表示し、<○○%>をタップすると、バッテリー残量が表示されます。

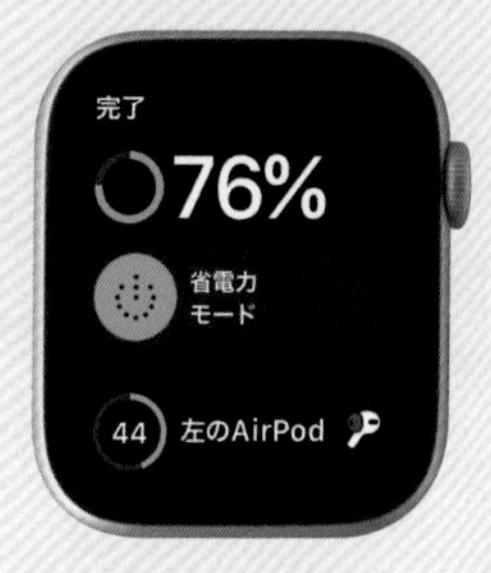

6

Apple Watchの音楽を再生する

Sec.67 ～ 68を参考に、Apple Watch内への音楽の同期と、Bluetooth機器の接続が完了したら、音楽を再生してみましょう。手元にiPhoneは必要ありません。

Apple Watch内の音楽を再生する

1 ホーム画面でをタップして＜ミュージック＞アプリを起動します。

2 ＜ライブラリ＞をタップします。

3 ここでは＜プレイリスト＞をタップします。

4 プレイリスト一覧が表示されます。聴きたいプレイリストをタップします。

5 をタップすると、接続したBluetooth機器から音楽が流れます。をタップすると、プレイリスト内の曲を選ぶことができます。

6 はシャッフル再生、は1回タップするとプレイリストのリピート再生、2回タップすると再生している曲のリピート再生、は似たような曲が続けて自動再生されます。

Apple Musicをストリーミング再生する

Apple Watchは、Apple Musicのストリーミング再生を利用できます（利用にはApple Musicのサブスクリプションへの登録が必要です）。また、iPhoneの<ミュージック>アプリ内の「Radio」も、<Radio >アプリから視聴できます。GPS+Cellularモデルでは、iPhoneがなくてもこれらをApple Watchだけで聴くことが可能です。Apple Musicのストリーミング再生を利用する場合は、あらかじめiPhoneの<ミュージック>アプリでApple Musicのプレイリストを追加しておきます。Apple Watchの<ミュージック>アプリから<ライブラリ>→<プレイリスト>の順にタップすると、iPhoneで追加したApple Musicのプレイリストが表示され、タップすることで再生できます。また、<Remote >アプリを利用すれば、Apple TVやMacのiTunesをApple Watch上で操作することができます。

写真を見る

iPhone内にある写真をApple Watchに同期（保存）すると、Apple Watchから見ることができます。Apple Watchに同期する写真はiPhoneであらかじめ設定しておく必要があります。

写真を表示する

1 ホーム画面で をタップして＜写真＞アプリを起動します。

2 写真がサムネイルで表示されます。写真をタップします。

3 タップした写真が大きく表示されます。デジタルクラウンを上下に回すことで、写真を拡大表示したり、サムネイル表示に戻したりすることができます。

MEMO ＜カメラ＞アプリでiPhoneのカメラを操作する

ホーム画面で をタップすると、ペアリングしているiPhoneのカメラと連携してリモート撮影ができます。集合写真の撮影時など、iPhoneから離れて撮影するときに便利です。

Apple Watchに同期する写真を設定する

① iPhoneのホーム画面で、<Watch>→<マイウォッチ>の順にタップし、<写真>をタップします。

② <選択された写真アルバム>をタップします。

③ iPhoneに設定されているアルバムをタップすると、そのアルバムの写真がApple Watchに同期されます。

MEMO **写真の容量を管理する**

Apple Watchで表示できる写真容量の上限は変更することができます。上限を変更するには、手順②の画面で<写真の上限>をタップし、容量を選んでタップします。上限を大きくし過ぎると、ほかのデータなどが入らなくなってしまう場合もあるので、適度に調整しておきましょう。

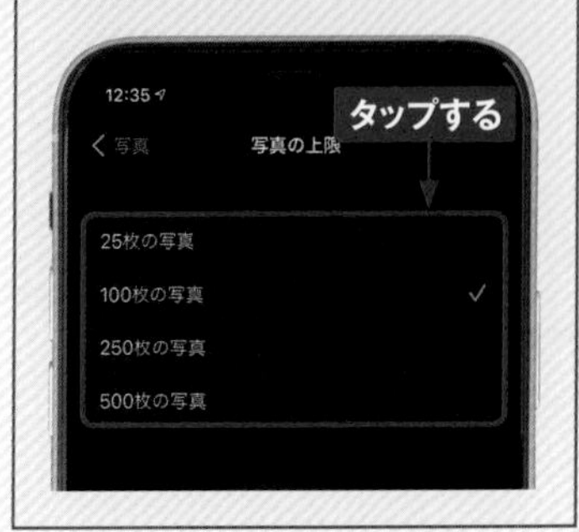

Live Photosを表示する

① P.184手順②の画面で、Live Photosの写真をタップします。

② 画面右下のをタッチしたままにすると、Live Photosが再生されます。

スクリーンショットを撮影する

Apple Watchは表示中の画面をそのまま画像として保存できる、「スクリーンショット」の機能を備えています。スクリーンショットした画面は、iPhoneの＜写真＞アプリ内に保存されます。iPhoneとペアリングしていない場合や、一部の画面ではスクリーンショットを保存することができません。
Apple Watchでスクリーンショットを撮影するには、＜設定＞アプリを起動し、＜一般＞→＜スクリーンショット＞の順にタップして、「スクリーンショットを有効にする」のをタップしてにしておきます。

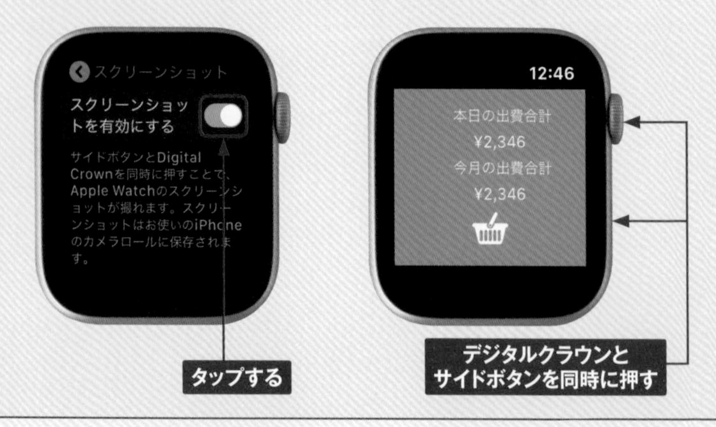

Apple Watchを もっと便利に使う

アプリをインストールする

<App Store>アプリからアプリをインストールできます。あらかじめパスコードの設定（Sec.79参照）が必要です。また、iPhoneでアプリをインストールすると、自動的にApple Watchにも反映されます。

Apple Watchからアプリをインストールする

① ホーム画面で をタップし、<App Store>アプリを起動します。

② <検索>→ の順にタップします。画面を上方向にスワイプすると、おすすめのアプリが確認できます。

③ 検索したいアプリを音声で入力し、<完了>をタップします。

④ 検索結果や候補が表示されます。インストールしたいアプリをタップします。

5 <入手>をタップし、サイドボタンをダブルクリックしてパスコードを入力します。

6 <パスワードを入力>をタップします。

7 をタップします。をタップした場合は、iPhone側でパスワードを入力します。

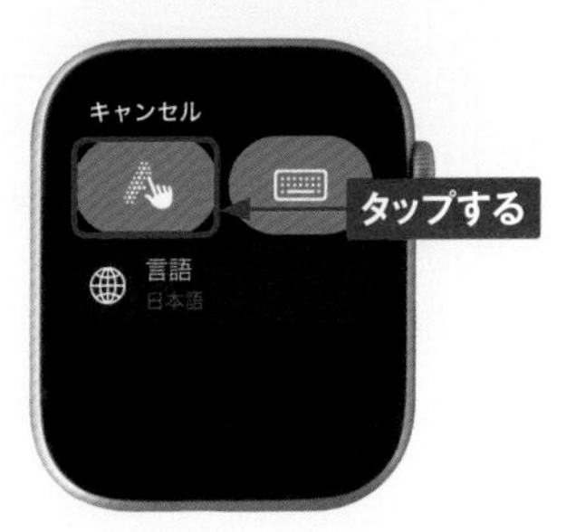

8 手書きでパスワードを入力し、<Done>をタップすると、インストールが開始されます。

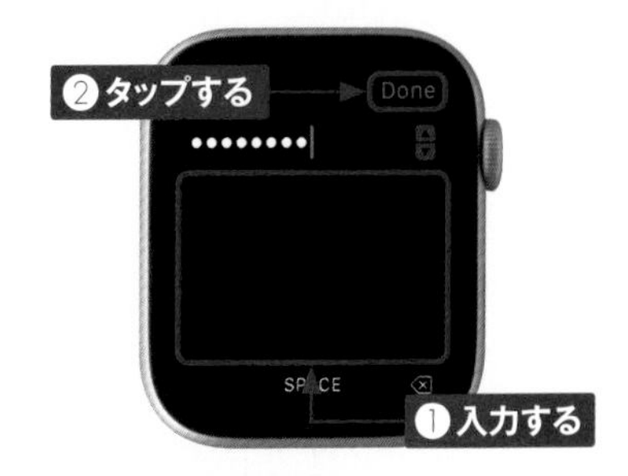

9 インストールが終わると、ホーム画面にアプリがインストールされていることを確認できます。

MEMO

アカウント情報を確認する

P.188手順②で画面を上方向にスワイプし、<アカウント>をタップします。<購入済み>をタップするとインストール済みのアプリが表示され、<アップデート>をタップすると、アップデートが必要なアプリが表示されます。

iPhoneからApple Watchにアプリをインストールする

① iPhoneで<App Store>アプリを起動して、<検索>をタップします。

② 画面上部の入力欄に検索したいキーワードを入力し、<検索>(または<Search>)をタップします。

③ 検索結果や候補が表示されます。インストールしたいアプリをタップします。

MEMO 「おすすめ」画面から検索する

<Watch>アプリを起動し、<見つける>→<Watch対応Appを見つける>の順にタップすると、おすすめアプリなどが表示されます。

4 <入手>→<インストール>の順にタップします。Apple IDのパスワードを入力して、<サインイン>をタップします。確認画面が表示されたら、<常に要求>または<15分後に要求>をタップします。

5 インストールが完了します。

6 アプリがApple Watchに対応している場合、Apple Watchへ自動的にアプリがインストールされます。

MEMO

自動ダウンロードを無効にする

iPhoneにインストールしているApple Watchに対応したアプリは、自動でApple Watchにもインストールされるように設定されています。これを無効にするには、iPhoneのホーム画面で<Watch>→<マイウォッチ>→<一般>の順にタップして、「Appの自動インストール」のをタップしてにします。

アプリをアンインストールする

アプリをアンインストールして、ホーム画面を整理しましょう。なお、Apple Watchからアプリをアンインストールしても、iPhoneには残っています。アプリを完全に削除するにはiPhoneから行います。

Apple Watchからアプリをアンインストールする

1 ホーム画面を長押しします。

2 アイコンが細かく揺れ出すので、削除したいアプリの×をタップします。

3 <Appを削除>をタップします。

4 アプリがアンインストールされました。デジタルクラウンを押すと、揺れが止まります。

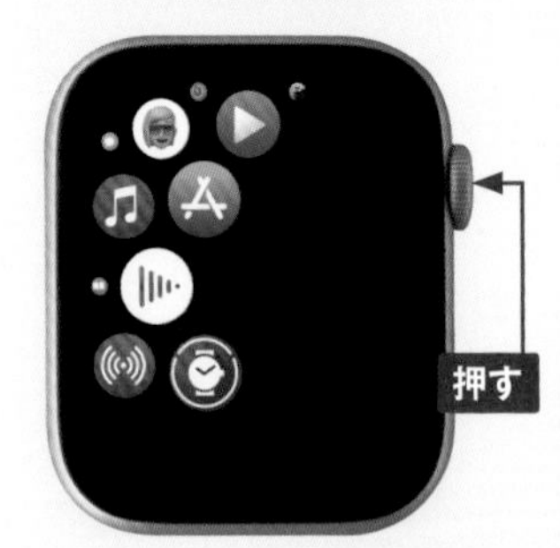

アンインストールしたアプリを再表示する

① iPhoneのホーム画面で、<Watch>をタップします。

② <マイウォッチ>をタップして、画面を上方向にスワイプします。Apple Watchに再表示したいアプリ(ここでは<NewsDigest>)の<インストール>をタップします。

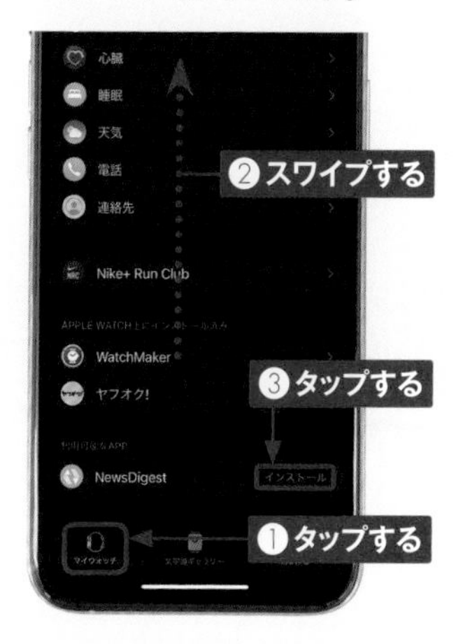

③ Apple Watchへのインストールが始まります。

④ アプリがApple Watchに再表示されます。

7

Apple Watchのアプリを完全に削除する

1 iPhoneのホーム画面で、削除したいアプリを長押しし、＜Appを削除＞をタップします。

2 ＜Appを削除＞をタップします。

3 ＜削除＞をタップします。

4 アプリが削除されます。

5 ＜Watch＞アプリのメニューや、Apple Watchのホーム画面からも、削除したアプリの項目が消えます。

6 削除したアプリを再び利用したい場合は、Sec.71の方法で検索し、＜入手＞をタップすると、再度インストールできます。

MEMO

必要なアプリだけを表示する

子どもにApple Watchを持たせる際などに、不適切なアプリを非表示にし、必要なアプリだけを画面に表示することができます。iPhoneのホーム画面で＜設定＞→＜スクリーンタイム＞→＜コンテンツとプライバシーの制限＞の順にタップしたら、「コンテンツとプライバシーの制限」の をタップして にします。＜許可されたApp＞をタップし、不要なアプリの をタップして にすると、Apple Watchのホーム画面からもアプリのアイコンが非表示になります。

7

Apple WatchでLINEを利用する

Apple Watchでは、LINEが利用できます。新着メッセージの確認のほか、返信することもできます。ただし、スタンプはあらかじめ登録されているもの以外は使えないなどの制限もあります。

メッセージに返信する

1 Apple Watch版<LINE>アプリをインストールし、ホーム画面でをタップします。

2 未読のメッセージがある場合は1が表示されるので、タップします。

3 メッセージが表示されます。をタップします。

4 Apple Watchに音声で入力し、<完了>をタップすると、メッセージとして返信されます。

メッセージにスタンプで返信する

① P.196手順③の画面で、☺をタップします。

② 送信可能なスタンプが表示されます。上下にスワイプして選びます。

③ 送信したいスタンプをタップします。

④ スタンプが送信されます。

スタンプの種類

手順②の画面を左方向にスワイプすると、スタンプの種類を変えることができます。上下にスワイプして選び、スタンプをタップすると、スタンプが送信されます。

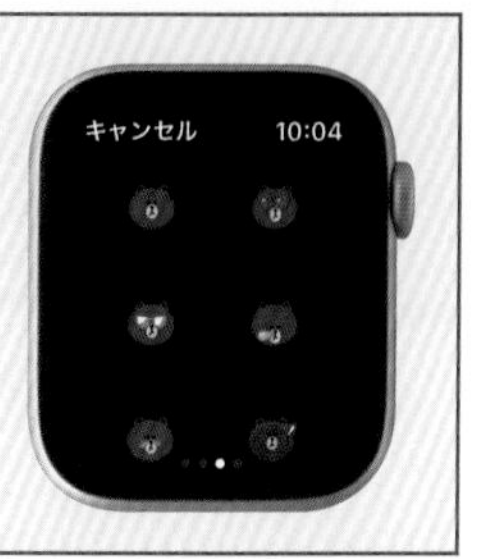

返信メッセージを登録する

1 iPhoneのホーム画面で<LINE>をタップして<LINE>アプリを起動し、<ホーム>→⚙の順にタップします。

2 <Apple Watch>をタップします。

3 <タップして返信メッセージを追加>をタップします。

MEMO 返信メッセージを削除する

返信メッセージは10個までしか登録できません。新しく追加したいときは、手順③の画面で<編集>をタップし、削除したい返信メッセージの⊖→<削除>→<完了>の順にタップします。

4 返信メッセージを入力します。

5 P.196手順①～②を参考にトーク画面を表示します。画面を上方向にスワイプして、手順④で登録した返信メッセージをタップします。

6 メッセージが送信されます。

ボイスメッセージを送る

ボイスメッセージを送るときは、P.196手順③の画面でをタップし、音声を入力します。をタップすると入力が終わり、をタップすると録音した音声を確認できます。<Send >をタップして送信します。

iPhoneで ショートカットを作る

目的地までの経路検索やプレイリストの再生など、アプリ上で行うアクションをショートカットとして登録しておくと、細かな操作をすることなくワンタップで実行できます。

ショートカットを作成する

<ショートカット>アプリはさまざまなアプリと連携しています。会社までの経路を表示したり、よく聴く音楽を再生したり、指定の時間にアラームをセットしたりといった操作をショートカットとして作成しておくと、これまで複数のステップを踏んでいた操作をワンタップで実行できるようになります。ショートカットの実行はApple Watch単体でも行えます。

① iPhoneのホーム画面で<ショートカット>をタップします。

② 「すべてのショートカット」画面で、画面右上の＋をタップします。

③ <アクションを追加>をタップします。

MEMO ギャラリーとは

手順②の画面で画面右下の<ギャラリー>をタップすると、基本的なショートカットが目的別に表示されています。普段よく使っているアプリから提案もされるのでおすすめです。

4 アプリやアクションを選んでタップし、画面の指示に従って登録します。

5 ショートカットが作成されます。

6 Apple Watchで■をタップして＜ショートカット＞アプリを起動します。

7 ショートカットを選んでタップすると、その操作が実行されます。

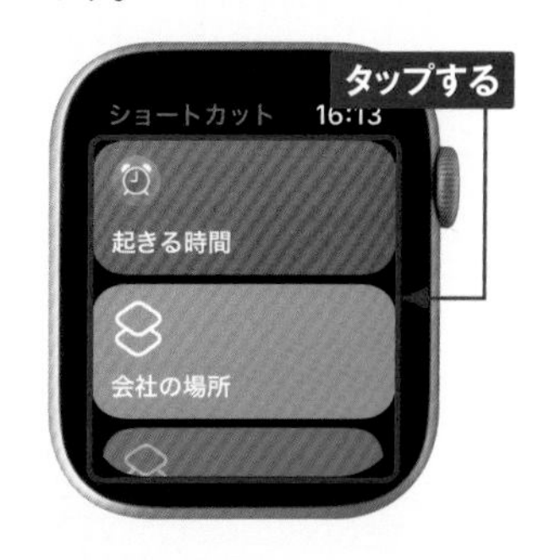

MEMO Apple Watchにショートカットが表示されない

作成したショートカットがApple Watchに表示されないときは、iPhoneで＜ショートカット＞アプリを起動し、ショートカットの■→■の順にタップします。「Apple Watchに表示」が■になっていることを確認しましょう。

7

Section 75 Watch function

家族や子どものApple Watchを管理する

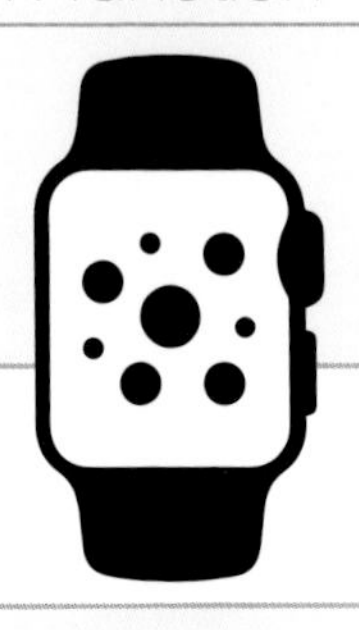

「ファミリー共有機能」を利用すると、1台のiPhoneに複数のApple Watchをペアリングして管理できるようになります。iPhoneを持たない子どもや高齢者でもApple Watchを利用できます。

ファミリーメンバー用のApple Watchを設定する

ファミリーメンバー用に設定したApple Watchには、個別の電話番号とアカウントが割り当てられるので、家族同士でApple Watchでメッセージをやり取りしたり、通話をしたりすることができます。ファミリーメンバー用に設定できるApple Watchは、watchOS7を搭載したGPS+CellularモデルのSeries4以降とSEです。

① iPhoneで＜Watch＞→＜マイウォッチ＞→＜すべてのWatch＞の順にタップします。

② ＜Watchを追加＞をタップします。

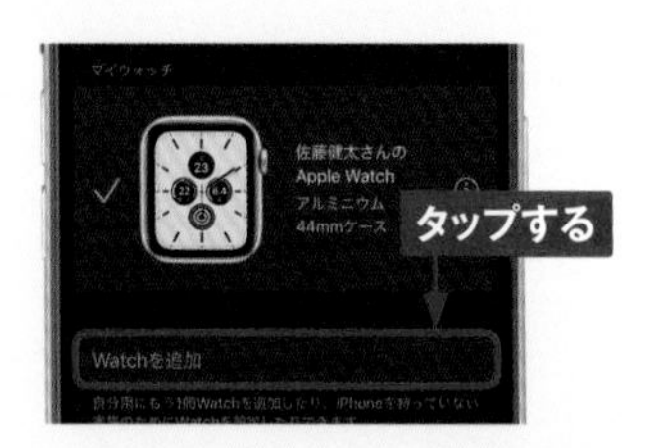

③ ＜ファミリーメンバー用に設定＞→＜続ける＞の順にタップします。

④ 「データとプライバシー」画面が表示されたら＜続ける＞をタップし、次の画面で＜続ける＞をタップします。

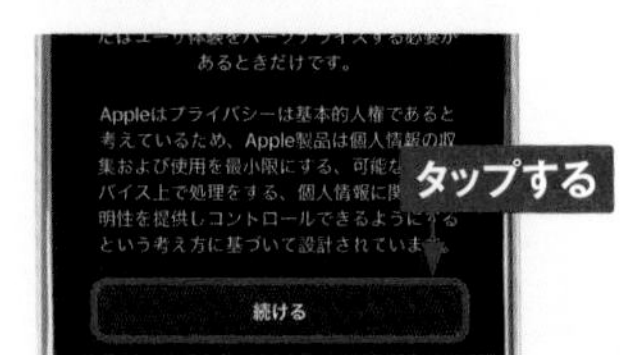

5 追加するApple Watchのディスプレイ部分が、iPhoneのファインダーに映るようにします。

6 <Apple Watchを設定>をタップし、Sec.07を参考にファミリーメンバーのApple Watchを設定します。

7 設定が完了すると、「ファミリーウォッチ」が表示されます。<完了>をタップします。

MEMO

ファミリーメンバー用のApple Watchの制限

ファミリーメンバー用に設定したApple Watchには、いくつか制限があります。たとえば、ペアリングしたiPhoneのロックを解除するとApple Watchのロックも解除される機能は適用されません。また、アプリを削除しても、ペアリングしているiPhoneからは削除されません。なお、<血中酸素ウェルネス>や<周期記録>、<睡眠>、<Podcast>などの一部のアプリは利用できません。

7

スクールタイムを設定する

「スクールタイム」をオンにすると、指定した時間以外はApple Watchの利用を制限することができます。子どもが授業中など集中力を高めたいときなどに設定しておくとよいでしょう。スクールタイムのロックがいつ解除されたのかを確認することもできます。

① P.203手順⑦のあとに表示される画面で、<スクールタイム>をタップします。

② 「スクールタイム」の をタップしてオンにし、<スケジュールを編集>をタップします。

③ スクールタイムを有効にしたい曜日と時間帯を設定したら、<戻る>をタップします。

④ 手順③で設定したスケジュールでスクールタイムが有効になります。ロックを解除した記録なども確認できます。

スクリーンタイムを設定する

「スクリーンタイム」では、画面を見ない時間を設定したり、通信や通話を制限したり、利用できるアプリを制限したりすることができます。不適切なコンテンツを制限するなどの設定も行えるため、子どもに安心して持たせることができます。

1 P.204手順①の画面で＜スクリーンタイム＞をタップし、テキスト部分をタップします。

2 ＜休止時間＞をタップすると、画面を見ない時間を設定できます。＜通信／通話の制限＞をタップすると、通信や通話できる相手を制限できます。

3 手順②の画面で＜常に許可＞をタップすると、画面を見ない時間でも利用できるアプリを設定できます。

4 手順②の画面で＜コンテンツとプライバシーの制限＞をタップすると、アプリの購入許可や不適切なコンテンツの制限などが行えます。

7

ファミリーメンバーの位置情報を確認する

ファミリーメンバーがApple Watchを身に着けていると、GPSでiPhoneからその居場所を確認することができます。充電状況も把握できるため、万一のときでも安心です。

① iPhoneのホーム画面で<探す>をタップします。

② <人を探す>をタップします。

③ ファミリーメンバーの位置情報が地図で表示されます。メンバーのアカウントをタップします。

④ 連絡先を表示したり、居場所までの経路を表示したりすることができます。

Apple Watchの設定を変更する

Apple Watchを設定する

Apple Watchの通知音を鳴らないようにしたり、通信しないようにしたりしたい場合は、Apple Watchのコントロールセンターや<設定>アプリで設定を変更しましょう。

設定アプリを起動する

1 ホーム画面で⚙をタップします。

2 <設定>アプリが起動します。

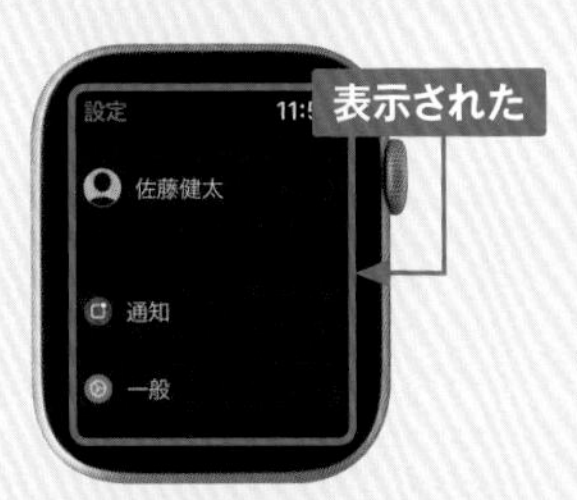

●装着する腕やデジタルクラウンの向きを変える

<一般>→<向き>の順にタップします。腕を変更する場合は「手首」、デジタルクラウンの向きを変える場合は「DIGITAL CROWN」の<左>または<右>をタップします。

●手首を上げたときのスリープ解除のオン/オフを切り替える

<一般>→<画面をスリープ解除>の順にタップします。「手首を上げてスリープ解除」を◯にすると、画面をタップしたり、デジタルクラウンを押したりしたときのみ、スリープが解除されるようになります。

●「Hey Siri」のオン／オフを切り替える

<Siri>をタップします。「"Hey Siri"を聞き取る」がになっていると、Apple Watchに向かって「Hey Siri」と話しかけてSiriを起動できます。「手首を上げて話す」がになっていると、よりかんたんにSiriを使うことができます（Sec.11参照）。

●視覚を補助する各機能のオン／オフを切り替える

<アクセシビリティ>をタップします。2本指でダブルタップして表示を拡大／縮小できる「ズーム機能」や、ダブルタップした部分を音声で読み上げる「VoiceOver」機能など、視覚をサポートする各種機能のオン／オフを変更できます。

●明るさを変更する

<画面表示と明るさ>をタップします。画面右側のをタップすると画面が明るく、左側のをタップすると画面が暗くなります。

●テキストサイズを変更する

<画面表示と明るさ>→<テキストサイズ>の順にタップします。画面左の<Aa>をタップするとテキストサイズが小さく、画面右の<Aa>をタップすると大きくなります。

MEMO Siriの音声を設定する

Siriの設定では、Siriの音声も設定できます。<常にオン><消音モードで制御><ヘッドフォンのみ>の3つから選ぶことができ、音量も調節できます。

●ズーム機能を利用する

＜アクセシビリティ＞→＜ズーム機能＞の順にタップします。をタップしてにすると、2本指のダブルタップで表示を拡大・縮小できます。

●文字を太くする

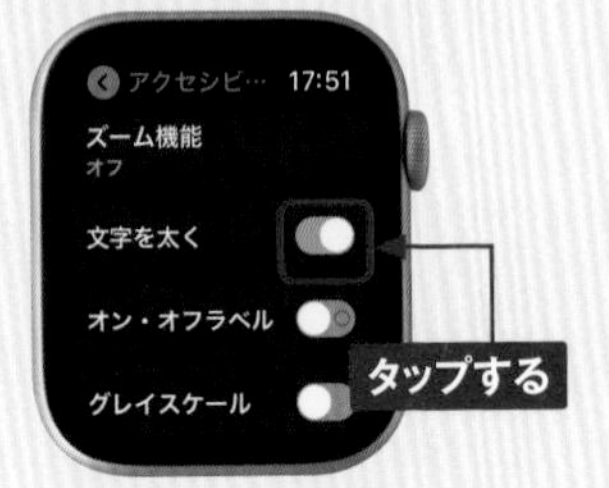

＜アクセシビリティ＞をタップします。「文字を太く」のをタップしてにすると、文字が太くなります。

●タッチ調整する

＜アクセシビリティ＞→＜タッチ調整＞→＜タッチ調整＞の順にタップすると、タッチの保持継続時間を変更できるほか、複数回のタッチを1回とみなすように設定を変更できます。

●サイドボタンのクリックの間隔を変更する

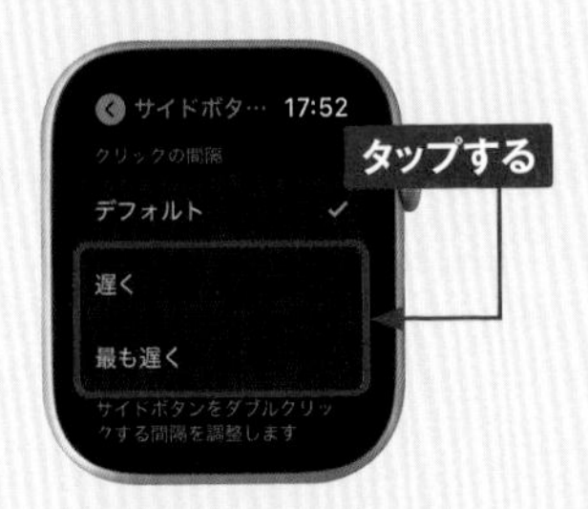

＜アクセシビリティ＞をタップします。＜サイドボタンのクリックの間隔＞をタップすると、サイドボタンのダブルクリックとみなされる間隔を選択できます。

MEMO 画面をグレイスケールにする／透明度を下げる

＜アクセシビリティ＞をタップし、「グレイスケール」のをタップしてオンにすると、画面全体が白黒になるグレイスケールを使用できます。「透明度を下げる」のをタップしてオンにすると、一部の背景の透明度が低減して文字が読みやすくなります。

ホーム画面を設定する

ホーム画面のレイアウトの変更も、Apple Watch上から行えます。よく使うアプリを画面中央近くに配置し、あまり使用しないアプリを削除すると（Sec.72参照）、より快適にApple Watchを使用できます。

アプリのレイアウトを変更する

1 ホーム画面に表示されているアプリのうち、どれか1つを長押しします。

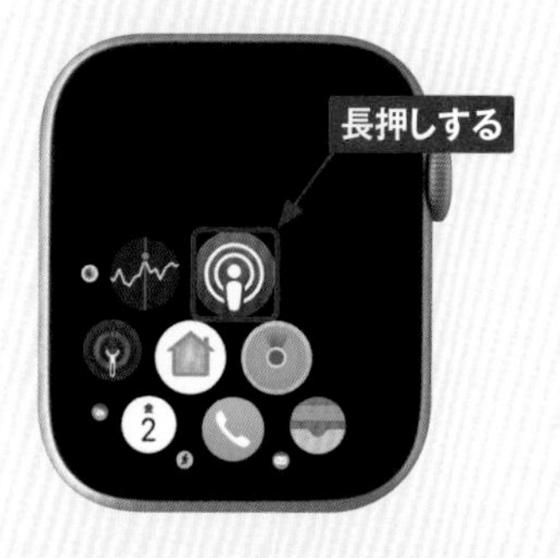

2 アイコンが揺れます。配置を変更したいアプリのアイコンを長押しします。

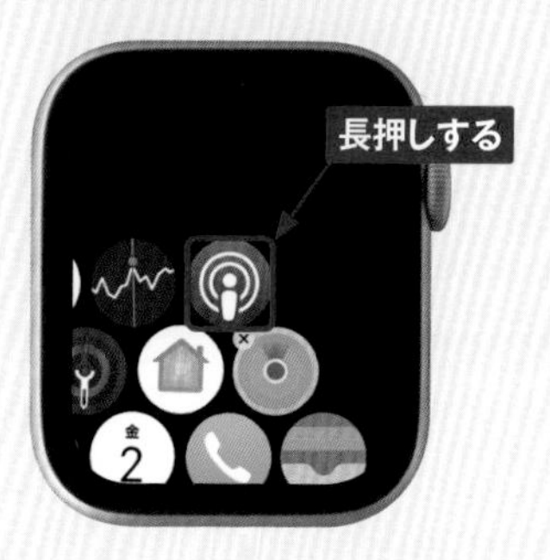

3 画面から指を離さないまま、選択したアプリをドラッグして画面から指を離します。レイアウトが変更されます。

MEMO ホーム画面のレイアウトをリセットする

ホーム画面で⚙→＜一般＞→＜リセット＞→＜ホーム画面のレイアウトをリセット＞の順にタップすると、アプリアイコンの配置が工場出荷時と同じ状態になります。

常時点灯の設定を変更する

Series6と5では、手首を下ろしていても時刻などが常に表示される「常時点灯」を利用できます。プライバシーにかかわる機密コンプリケーションを非表示にすることも可能です。

常時点灯しないようにする

1 ＜設定＞アプリを起動し、＜画面表示と明るさ＞をタップします。

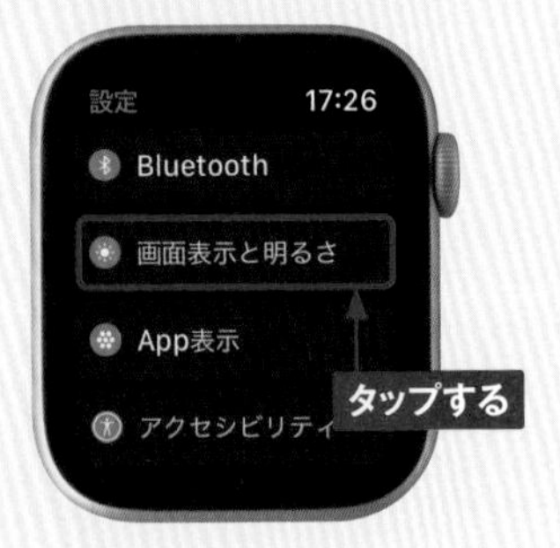

2 ＜常にオン＞をタップします。

3 「常にオン」の をタップします。

4 常時点灯しないようになります。

機密コンプリケーションを表示しないようにする

カレンダーに設定しているイベントの内容やメール、メッセージ、心拍数といった個人的な情報を示すコンプリケーションを「機密コンプリケーション」といいます。Apple Watchの設定を変更することで、常時点灯機能を維持しつつ、腕を上げていないときに機密コンプリケーションだけを非表示にできます。

① ＜設定＞アプリを起動し、＜画面表示と明るさ＞をタップします。

② 「機密コンプリケーションを非表示」の◯をタップしてオンにします。

③ 常時点灯機能は維持されますが、腕を上げていないときは機密コンプリケーションが非表示になります。

8

パスコードを設定する

パスコードを設定すると、Apple Watchを腕から外したときにロックされ、操作には4桁の数字の入力が必要になります。他人にApple Watchを使われたり見られたりするのを防ぐことができます。

パスコードを設定する

Apple Watchのパスコードは、ペアリングしたiPhoneと共通ではなく、別のものになります。また、Apple Payの利用（Chapter 3参照）やアプリのインストール（Sec.71参照）には、パスコードの設定が必須です。

1 ホーム画面で をタップして＜設定＞アプリを起動します。

2 上方向にスワイプし、＜パスコード＞をタップします。

3 ＜パスコードをオンにする＞をタップします。

4 4桁のパスコードを入力し、もう一度パスコードを入力します。

5 パスコードが設定されました。

6 腕から外しているときは、パスコードの入力画面が表示されるので、パスコードを入力してロックを解除します。

MEMO 腕から外してもロックされない

Apple Watchを腕から外してもロックされない場合は、iPhoneのホーム画面で<Watch>→<パスコード>の順にタップし、「手首検出」のをタップしてオンにします。

7 パスコードの設定をオフにしたい場合は、手順③の画面を表示し、＜パスコードをオフにする＞をタップします。

MEMO iPhoneからApple Watchのパスコードをオフにする

Apple Watchでパスコードを入力したら、iPhoneのホーム画面で<Watch>をタップし、<マイウォッチ>→<パスコード>の順にタップします。<パスコードをオフにする>をタップすると、Apple Payで設定したカードがApple Watchで使えなくなるという内容の文言が表示され、<パスコードロックをオフにする>をタップすると、パスコードをオフにできます。

8

iPhoneから Apple Watchを探す

万一、Apple Watchを紛失してしまった場合は、ペアリングしているiPhoneから探すことができます。Bluetooth通信が切れてしまっても、接続可能なネットワークに自動的に接続します。

iPhoneからApple Watchを探す

Bluetoothが利用できない場合、Apple WatchはWi-Fiで通信を行います。GPS+CellularモデルのApple Watchでモバイル通信プランが設定してあれば、BluetoothもWi-Fiも使えない場合にモバイルデータ通信ネットワークに接続されます。

1 iPhoneのホーム画面で、＜Watch＞をタップします。

2 ＜すべてのWatch＞をタップします。

3 ⓘをタップします。

4 ＜Apple Watchを探す＞をタップします。

5 Google Maps上に、自分の現在地とApple Watchの場所が表示されます。

6 <サウンドを再生>をタップすると、Apple Watchからアラーム音が鳴ります。<紛失としてマーク>をタップして有効にすると、電話番号を記したカスタムメッセージをApple Watchに送信できます。<このデバイスを消去>をタップすると接続が解除され、悪用を防ぎます。

Siriを利用して、Apple WatchからiPhoneを探す

Apple Watchを装着した状態でiPhoneが見つからないときは、Siriに「iPhoneを探して」などと話しかけることでアラーム音を鳴らすことができます。同様に、iPhone上のSiriからApple Watchを探すことも可能です。その場合は、P.217手順⑤の画面が表示されます。

初期化する

Apple Watchのすべての設定は、手動でリセットすることができます。リセットを行うと、すべてのコンテンツが削除され、Apple Watchを購入時の状態に戻すことができます。

Apple Watchを初期化する

1 ホーム画面で⚙をタップして<設定>アプリを起動します。

2 <一般>をタップします。

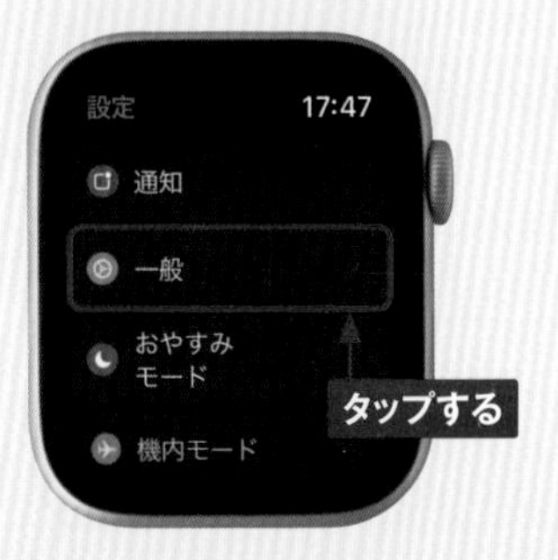

3 <リセット>をタップします。

4 <すべてのコンテンツと設定を消去>をタップします。

5 パスコードを入力します。

6 確認画面が表示されるので、内容を確認し、問題なければ<すべてを消去>をタップすると、初期化が始まります。

7 初期化が完了すると、初期設定画面が表示されるので、Sec.06～07を参考に設定してください。

MEMO 一部の機能をリセットする

iPhoneの<Watch>アプリを起動し、<マイウォッチ>→<一般>→<リセット>の順にタップすると、初期化のほかにも3種類のリセットを実行することができます。<ホーム画面のレイアウトをリセット>をタップすると、Apple Watchのホーム画面のレイアウトがデフォルト状態にリセットされます。<同期データをリセット>をタップすると、iPhoneと同期した連絡先とカレンダーのデータが削除されます。また、<モバイル通信プランをすべて削除>をタップすると、Apple Watchに設定しているモバイル通信プランが削除されますが、通信事業者との契約はキャンセルされません（GPS+Cellularモデルのみ）。

8

バックアップから復元する

Apple Watchのコンテンツのデータは、ペアリングされたiPhoneに自動的にバックアップされます。初期化（Sec.81参照）したあとは、バックアップから復元しましょう。

バックアップから復元する

1 iPhoneの<Watch>アプリで<ペアリングを開始>→<自分用に設定>の順にタップします。

2 iPhoneのファインダーにApple Watchを合わせます。

3 <バックアップから復元>をタップします。

4 復元したいバックアップをタップして<続ける>をタップし、Sec.07を参考に初期設定を行います。

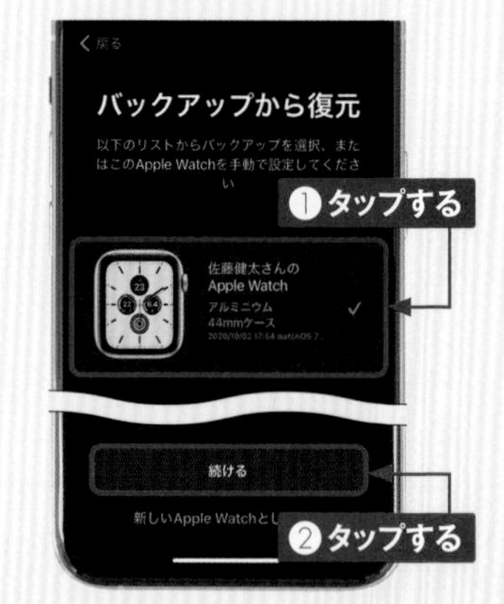

アップデートする

Apple Watchのソフトウェアは、iPhoneの<Watch>アプリを使ってアップデートを行うことができます。ここでは、アップデートの確認と実行の方法を解説します。

OSをアップデートする

1 iPhoneのホーム画面で、<Watch>をタップします。

2 <マイウォッチ>→<一般>→<ソフトウェア・アップデート>の順にタップします。

3 アップデートがある場合は、<インストール>をタップして実行します。

MEMO アップデートがない場合

手順3の画面で、Apple WatchのOSのアップデートがない場合は、下記のような画面が表示されます。

索引

アルファベット

あ行

か行

さ行

た行

な・は行

ま行

ら・わ行

お問い合わせについて

本書に関するご質問については、本書に記載されている内容に関するもののみとさせていただきます。本書の内容と関係のないご質問につきましては、一切お答えできませんので、あらかじめご了承ください。また、電話でのご質問は受け付けておりませんので、必ずFAX か書面にて下記までお送りください。
なお、ご質問の際には、必ず以下の項目を明記していただきますようお願いいたします。

1 お名前
2 返信先の住所または FAX 番号
3 書名
（ゼロからはじめる Apple Watch スマートガイド [Series6 ／ SE 対応版]）
4 本書の該当ページ
5 ご使用のソフトウェアのバージョン
6 ご質問内容

なお、お送りいただいたご質問には、できる限り迅速にお答えできるよう努力いたしておりますが、場合によってはお答えするまでに時間がかかることがあります。また、回答の期日をご指定なさっても、ご希望にお応えできるとは限りません。あらかじめご了承くださいますよう、お願いいたします。ご質問の際に記載いただきました個人情報は、回答後速やかに破棄させていただきます。

■ お問い合わせの例

FAX

1 お名前
技術　太郎

2 返信先の住所または FAX 番号
03-XXXX-XXXX

3 書名
ゼロからはじめる
Apple Watch スマートガイド
[Series6 ／ SE 対応版]

4 本書の該当ページ
43ページ

5 ご使用のソフトウェアのバージョン
watchOS 7.0.2

6 ご質問内容
手順3の画面が表示されない

お問い合わせ先

〒 162-0846
東京都新宿区市谷左内町 21-13
株式会社技術評論社　書籍編集部
「ゼロからはじめる Apple Watch スマートガイド ［Series6 ／ SE 対応版］」質問係
FAX 番号　03-3513-6167
URL：https://book.gihyo.jp/116

ゼロからはじめる Apple Watch スマートガイド [Series 6 / SE 対応版]

2020 年 12 月 2 日　初版　第 1 刷発行
2021 年 3 月 18 日　初版　第 2 刷発行

著者……リンクアップ
発行者……片岡　巌
発行所……株式会社 技術評論社
東京都新宿区市谷左内町 21-13
電話……03-3513-6150　販売促進部
03-3513-6160　書籍編集部
編集……リンクアップ
装丁……菊池　祐（ライラック）
担当……荻原　祐二
本文デザイン・DTP……リンクアップ
本文撮影……リンクアップ
製本／印刷……図書印刷株式会社

定価はカバーに表示してあります。

落丁・乱丁がございましたら、弊社販売促進部までお送りください。交換いたします。

ISBN978-4-297-11791-7 C3055

Printed in Japan